U0118127

香港會計業

追蹤香港專業服務研究系列

突破瓶頸

香港會計業

李芝蘭　巫麗蘭　陳浩文　甘翠萍

編著

統　　籌　陳小歡
實習編輯　郭　怡（香港城市大學媒體與傳播系四年級）
　　　　　黃丹霖（香港城市大學中文及歷史學系文學碩士（中文）課程）
書籍設計　蕭慧敏
排　　版　劉偉進
Création 城大創意製作

國際統一書號：978-962-937-332-0

出版

香港城市大學出版社
香港九龍達之路
香港城市大學
網址：www.cityu.edu.hk/upress
電郵：upress@cityu.edu.hk

Transcending the Bottleneck—The Hong Kong Accountancy Profession
(in traditional Chinese characters)

ISBN: 978-962-937-332-0

Published by

City University of Hong Kong Press
Tat Chee Avenue
Kowloon, Hong Kong
Website: www.cityu.edu.hk/upress
E-mail: upress@cityu.edu.hk

Printed in Hong Kong

2017 年 6 月，香港城市大學正式成立「香港持續發展研究中心」(The Research Centre for Sustainable Hong Kong, CSHK)，它是一個應用研究策略發展中心，由公共政策學系李芝蘭教授出任中心總監。CSHK 秉承從多學科角度分析問題及提供創新解決方案的理念，支援香港持續發展研究樞紐在促進不同界別及區域之間的協作及各項研究項目的開展，以促進香港社會可持續發展。

研究中心成立之前，我們的工作一直是以香港持續發展研究樞紐〔以下簡稱研究樞紐〕名義開展。研究樞紐成立於 2016 年 11 月，是一個跨學科的創新研究平台，旨在促進香港學術界，工商業界和專業服務界，社會及政府之間，以及香港與不同區域之間在現實政策領域的重大可持續發展議題上的協作，進行有影響力的應用研究。CSHK 總監亦是研究樞紐召集人。今後，研究樞紐會繼續發揮開放式平台的角色，支持 CSHK 的工作。

欲了解更多有關研究樞紐的活動及發展，歡迎瀏覽研究樞紐面書 www.facebook.com/sushkresearchhub

香港持續發展研究樞紐成立短短數月間，我們已與不同機構協作不同類型的講座及研討會，以及簽訂合作備忘錄

5.17

再思優勢產業『香港會計業的可持續發展及向上流動』研究成果發佈暨業界交流會

6.13

與會計業界交流研究成果

2016

11.28

「一帶一路：香港機遇與東南亞發展」研討會〔與香港城市大學東南亞研究中心、新絲路研究中心和環球中國研究合辦〕

11.29

「一帶一路」的國家思路與香港的角色和機遇〔與香港總商會合辦〕

3 月

就一帶一路研究項目與中國人民大學簽訂戰略合作備忘錄，並得發改委國際合作中心深度參與是項研究

1.18

「一帶一路的職業投資探討」〔與 e 線金融網和香港電台普通話台合辦〕

5.18

「一帶一路國際合作高峰論壇解讀及大灣區規劃分析」研討會

1.23

「一帶一路：專業服務業的參與和可持續發展」〔與香港總商會合辦〕

6 月

就一帶一路研究項目與廣東省綜合改革發展研究院簽訂戰略合作備忘錄

2017

3.27

「一帶一路與香港機遇」公開研討會〔與團結香港基金政策研究院合辦〕

「一帶一路，香港機遇之資金融通」午餐研討會〔與團結香港基金政策研究院合辦〕

目錄

序一

香港城市大學邀請我為《突破瓶頸——香港會計業》寫序。我仔細閱讀了書裏的各篇文章，確實對香港會計界所面對的挑戰得到更深刻的了解。每篇文章都非常認真描繪當前的問題，並提出具建設性的出路，每位作者的專業態度和對理據的嚴格堅持都令我欽佩。這些文章也令我聯想起和會計學密切相關的兩個理念。

首先，我們不要忘記，「會計學」始終是一門自然科學。現今世界採用的會計理論源自中世紀文化復興時代的理學家著作，其中最著名且流傳至今的是白橋利（Luca Pacioli）的《計算大全》（Summa Arithmetica）。該書記載了當時從阿拉伯引進的數學，並以該數學原理構建「雙邊記賬法」（Double Entry Accounting）。「記賬」是以科學方法，套用計算理論，準確地計量一個經濟主體在不同時間段的經濟價值。「計量」（measurement）是自然科學的核心，從文化復興年代到現代，「計量」的理論與實踐是肯定或否定每一項自然科學假設的基石，譬如，愛因斯坦的「相對總論」（General Theory of Relativity）是由 Eddington 在 1919 年以日食的光譜變化計量的結果來首先肯定了該理論。自然科學在不斷進步，故此，會計學的計量科學也跟隨着人類發展進度而變化。本書敍述現今香港會計業面對的問題與挑戰，也是來自會計科學怎麼能真實地計量經濟主體在時間變動之間的真正價值。今天的會計準則（Financial Reporting Standards）實際上是計量科學的方法論。我們應以自然科學的精神來制訂和面對這些標準，故此，每個學習會計的人員都是科學家，而今天的科學家是以總攬人類知識（inter-disciplinary）來尋求答案的人。

第二，「會計學」是和社會倫理道德結合的結晶體。文藝復興時期，一位做大生意的東主達丁泥（Datini）在他眾多流傳至今的賬簿裏，堅持在每一頁標上一個標題——“In the name of God and Profit”（「以上帝與謀利的名義」），意味「記賬」的理論與實踐是建於道德之上，以孔子的話來演繹，「君子愛財，取之有道」。

19 世紀以來，會計已成為一門「專業」。現代社會的「專業」是經過法律的規範，設定進入門檻，一旦被許可進入「專業」行列，均要遵守行業的規條。因社會的變化，這些規條已變得非常複雜，技術要求日益增加，非接受過相當訓練的人難以入行，而已進入行業的人，如非與時代變遷並進，調整知識結構，亦難以勝任。快速變化的社會好像一個漩渦，一旦站不穩，就被捲走。本書各章都是作者的所見所聞，警惕我們漩渦之所在並建議怎樣能夠站穩。但我希望，讀者也領會到在本書各章之間，同時隱藏了以上兩個「會計學」的根本理念：會計學本是一門自然科學也是與社會倫理道德的結合。會計專業恰恰回應了我國文化裏悠久的教誨：大學之道，在於明德與格物。每個專業除了明文的規條，也需要他的道德指南針（moral compass），會計專業也不例外。

梁定邦 SBS JP

香港執業資深大律師
香港證監會前主席
中國證監會前首席顧問

序二

作為執業超過 35 年的會計師，這次獲邀為《突破瓶頸——香港會計業》撰寫序言，我深感榮幸。

本書輯錄了多篇文章，對香港會計界的現狀作出適時的概覽，內容涵蓋行業所面對的嚴峻挑戰，以及多項令人興奮的機遇。這書最大的優點在於它能夠對大型會計師行與中小型會計師行所面對的不同挑戰作出獨立分析，為讀者帶來重大裨益。

本書還特別加入與新秀菁英有關的篇章。閱畢後，令我不禁自問，今時今日的年青會計師身處的環境是否如我們在 80、90 年代般，機遇處處和有着樂觀的事業前景。我在英國取得特許會計師資格並執業約十年後，於 1985 年回流香港。當時正值鄧小平剛推行內地經濟改革，中國開放接受外國投資，國有企業陸續私有化，民營企業家獲准創業。我有幸參與早期 H 股的審核和上市工作，這不單讓我吸取豐富的經驗，還對我的事業晉升有莫大幫助。

無可置疑，今天才投身這行業的會計師所面對的挑戰，與當日的截然不同，而且亦要面對更為激烈的競爭。他們須具備各種技術才能，方能躋身專業會計師的行列。為了應付日趨複雜的會計欺詐行為和更高的訴訟風險，他們必須更加專注，更加努力。

新入行的年青人關注投身專業會計師行列的風險與回報，實屬無可厚非。年青核數師為了追尋成為會計師行合夥人的夢想，願意一星期七天、每天工作 12 小時的時代，或許已經一去不復返。會計師行有否盡力吸引傑出的畢業生入行，並且令他們甘心留在行業內打拼？會計師行有否為年青的執業會計師提供充分的發展和晉升機會，有否促進合理的工作生活平衡？縱觀全球，未來的人才供應仍然是大大小小的會計師行均須解決的重大問題。

本書的撰文者亦談論到會計師行繼續經營和蓬勃發展所須克服的許多重大挑戰。香港的會計界作為本地金融服務業不可或缺的一部分，必須與時並進。

各撰文者致力從不同角度作出平衡、全面的闡述，令人對會計界的發展方向與前景有清晰的了解，值得表揚。本書將會成為執業會計師和有志從事會計工作者的實用和方便的參考指引。

最後，儘管會計行業的工作艱辛，而且面對着種種挑戰，但我仍然會推薦胸懷抱負的畢業生，投身這個有前途的行業。我今天所享有的一切，全賴先輩的高瞻遠矚、專注投入和努力不懈，我謹此對他們致以萬分敬意。

唐家成 SBS JP

英國特許會計師及香港註冊會計師

2007 年出掌畢馬威在中國及香港的主席至 2011 年

現時擔任證券及期貨事務監察委員會及大學教育資助委員會主席、香港金融管理局外匯基金諮詢委員會委員以及香港機場管理局董事會成員

2001 年至 2008 年擔任香港會計師公會理事會成員

序三

再思香港會計專業的前景

香港城市大學的李芝蘭教授及其研究團隊花了兩年時間完成的《突破瓶頸——香港會計業》即將出版，可喜可賀。李芝蘭教授與研究成員之一陳浩文教授都是我的港大前輩，我在《信報》主編評論版時他們都是很優秀的作者。去年 5 月大家再有機會在我創辦的灼見名家傳媒結緣，李教授開了「再思・香港」專欄，以「香港會計業持續發展與社會流動」為題，陸續連載發表「再思香港產業優勢」系列多篇，深入分析這個曾經十分風光的行業，近年為何陷入困境，面對種種問題，引起廣泛關注。

2016 年 5 月 11 日李教授在專欄開宗明義的表示：

「香港多年以來一直在討論經濟如何轉型，董建華主政時曾提出數碼港以及中藥港等建設構想，曾蔭權亦有新六大產業的規劃、乃至最近梁振英倡議以創新科技和再工業興港。與此同時中國社科院撰寫的城市競爭力藍皮書，去年香港首次被深圳超越，整體競爭力滑落至第二位。國際智庫組織 Z/YEN 公佈的『全球金融中心指數』排名，香港亦被新加坡趕過而跌至第四位，保不住『紐、倫、港』的金漆招牌。要突破香港經濟發展瓶頸，我們在尋找新的增長點之外，更應深入審視我們的傳統優勢產業，到底遇到了甚麼困難。」

香港回歸祖國 20 年，政府談經濟轉型也談了 20 年，但這個曾經耀目生輝的國際金融中心為何近年疲態畢露？三任特首，三種性格，三種作風，都未能扭轉局面：管理家族企業的董建華有長遠視野，但欠缺班底，壯志未酬；終身擔任公務員的曾蔭權提出的六大產業左拼右湊，最後無疾而終；專業出身的梁振英強調香港做好超級聯繫人角色，但數年任期他只忙於撲火，計劃難以施展。

會計業是香港最重要的專業服務之一，能躋身四大會計師行，前途無量，很多大企業的主管不是律師出身，就是財務專家。隨着中國經濟崛起，香港會計業對內地的影響比律師更廣泛，當年朱鎔基總理提出「不做假賬」，後來大型國企陸續到香港上市，都要跟從香港的專業會計守則。

踏入 21 世紀，香港的會計業似風光不再，李教授的研究團隊對於這個有四萬多從業員的專業做了深入的調查分析，是坊間首本最具份量的專著，值得各界關注。香港會計界的精英如何把握好國家的新政策「一帶一路」和大灣區發展的機遇，需要知己知彼，所以這本書不可不讀。

我誠意推薦。

文灼非

灼見名家傳媒社長及行政總裁
曾任《信報》助理總編輯及《信報月刊》總編輯
先後肄業於香港大學及香港中文大學
2000–2001 年獲選史丹福大學奈特新聞學人
2016 年獲頒香港大學榮譽大學院士
香港大學前校務委員、校董
香港大學畢業同學會教育基金副主席及
香港新聞工作者聯會副主席

前言

本書是香港城市大學研究團隊探討香港會計業發展的成果之一[1]，團隊自 2015 年 8 月起通過深入訪談、問卷調查、焦點小組討論和分享論壇搜集了不同持份者的觀點。歷時一年多的調查，我們發現會計界從業員的前景評估平均只屬中游、部分甚至偏向悲觀，以 10 分為滿分，受訪者對會計專業整體行業發展現況的平均評分是 5.90 分，對行業未來前景的平均評分是 5.75 分，反映受訪者對未來沒有太大憧憬。值得留意的是，比較高、中、初職級的會計從業員，中級職位者對於自己目前工作的滿意程度（5.66 分），以及自己在行業的前途評估（5.84 分），給分都是相對最低，反映中級職位者面臨的發展瓶頸最顯著。會計行業面對一系列的問題，當中工時過長、入職起薪點薪金水平停滯、日益激烈的割喉式競爭、商業機會減少，以及租金成本上升等等因素都嚴重困擾行業發展。我們的研究結果引起了會計業界共鳴，認為是項研究忠實地反映了業界的現況。

1. 是次研究獲中央政策組公共政策研究資助計劃撥款（編號〔2014.A1.020.15B〕，「專業服務的可持續發展與社會流動力：以香港會計專業為研究個案」），研究報告全文可在中央政策組網頁下載。

本書除了收錄我們部分研究結果之外，也邀請了會計界各持份者撰文，向讀者直接陳述各自的觀點。2016年行政長官會計界選委會選舉結果令業界嘩然，一眾年資較淺的參選者擊敗資深從業員，全奪所有選委席次，立法會會計界功能組別議員梁繼昌以此作切入點揭示會計界選民的內在訴求，包含公義、法治等超越專業界別的社會利益。香港會計師公會會長陳美寶、以及資深審計師吳嘉寧，則從宏觀層面以及人才質素兩個方向審視業界的挑戰和前景。

針對城大研究中展示不同類型的會計師事務所面臨着不同的挑戰，我們邀請了大型以及中小型會計師事務所，從他們各自的角度探討困難及出路。香港立信德豪會計師事務所董事總經理陳錦榮剖析了大型會計師事務所面對的一些內部管理難題（包括長工時及高流失率）及解決方法。安永大中華區風險管理主管合夥人梁國基呼籲大家要提高危機意識應付來自內地以及全球日益激烈的競爭，大行乃至整體香港必須進一步加強競爭力。德勤中國全國審計及鑑證主管合夥人兼德勤·關黃陳方會計師行首席執行官鍾永賢認為在全球一體化趨勢下，香港會計師不能局限在香港發展，要有接受不同文化衝擊的準備。看法相近的有華德會計師事務所合夥人黃華燊，來自中小所的他早在二十多年前已到海外找尋機遇，避免與同行作惡性競爭，目前海外業務佔營業額七成。劉繼興會計師事務所高級合夥人郭碧蓮則默默主攻內地市場開拓客源，為了更好地服務客戶，她孜孜不倦裝備自己，包括考取中國註冊會計師牌照。

香港約六成的註冊會計師在各式商業機構工作，商業機構的會計師面對的挑戰與機遇是什麼？如何可以有更好的發展？在第四章，港燈電力投資財務總監黃劍文以及資深商業會計師黎惠芝分享了他們在商業機構發展的看法及心路歷程。本書第五章從年輕會計師個人發展角度分析，邀請了國富浩華審計董事盧卓邦分享他如何透過建立清晰的目標及正面的工作態度，十多年間逐步實現當初加入會計行業時定下的事業規劃。剛入職四大任審計員的胡天泓從新人的角度分享工作遇到的困難及未來的憧憬。

我們選擇會計專業作為研究案例，乃因專業服務在香港經濟中一直扮演關鍵角色，而會計業又是當中重要一環。香港會計師公會會員達四萬人，是本港其中一個最大的專業群體。會計業每年吸納畢業生數目逾千，是不少年輕人邁向專業之路的重要階梯。換言之，會計業的發展是香港、乃至內地社會發展十分重要的一環，深入解讀會計業的現況將有助我們了解香港目前社會經濟、政策與治理架構的特徵、缺位與潛力，並且從中探討如何促進香港爭持已久的社會經濟可持續發展和社會流動的議題。

本書緣起自香港城市大學研究團隊在 2015 年 8 月獲得香港特別行政區政府中央政策組公共政策研究資助計劃撥款〔編號 2014.A1.020.15B〕，研究題目是「專業服務的可持續發展與社會流動力：以香港會計專業為研究個案」，在此衷心感謝。我們亦要感謝曾為是項研究付出的各位業界同儕及專業團體，包括曾參與訪談及填寫問卷的人士及協助問卷收發的機構，因為研究操守原因不能一一公開名字，但你們的見解及對行業發展的關切，令我們的研究調查更具質感。部分研究內容已在「灼見名家」發表並輯錄在此書中，在此多謝支持。還有感謝我們團隊的研究工作人員朱桂蘭和胡瑞芯精細的資料分析，多位學生助理協助問卷調查和資料整理工作，特別要鳴謝李建安全程的協助，令本書得以順利完成。

有關是次城大研究及團隊介紹

研究摘要

是次研究以會計專業作為案例，探討爭持已久的促進社會經濟可持續發展和社會流動議題。專業服務在香港經濟中一直扮演關鍵角色，會計業是重要一環，特別在過往的中港跨境合作及共同發展中創下輝煌往績，深入解讀會計業的現況將有助我們了解目前香港社會經濟、政策與治理架構中存在的缺位。本研究通過深入訪談、專門設計的問卷調查、焦點小組討論和分享論壇搜集了不同持份者的觀點（行業資深領導者、中層和初入職員工；不同規模的會計師事務所；在事務所內執業或在不同機構工作的註冊會計師；學術界和學生），有系統地分析這些觀點，不僅讓我們梳理出各個層面（個人、企業、行業、政府）的政策和日常操作中的差距，也有助於評估一系列建議措施彌合這種差距的潛在可能。

研究團隊成員

計劃主持人：李芝蘭教授

共同研究者：巫麗蘭教授　陳浩文博士　甘翠萍博士

本書得以輯印成書，需要感謝各位在百忙中為本書獻文的業界朋友，香港城市大學會計系高級講師葉世安撰寫面試技巧的附錄，以及香港城市大學出版社幫忙出版。梁定邦太平紳士、唐家成太平紳士及文灼非先生精闢的序文，令本書生色不少。

最後，希望讀者喜歡本書，讀後有所啓發，在各人的崗位上一起為香港未來可持續發展出力。文責由編者自負。我們期待得到大家的回應，如對本書有任何提問，可發電郵至 sushkhub@cityu.edu.hk 與我們聯繫。謝謝！

李芝蘭、巫麗蘭、陳浩文、甘翠萍

第一章 現況把脈

香港會計業正處瓶頸期

李芝蘭

巫麗蘭

陳浩文

甘翠萍

胡瑞芯

李建安

香港會計業是專業服務重要一環，而專業服務及其他生產服務乃香港四大支柱產業之一，佔 GDP 總額 12.4%。香港會計師公會註冊會員接近四萬，當中三分一是在會計師事務所工作。我們由 2015 年 8 月至 2016 年 5 月透過深入訪問及問卷調查了解事務所內專業會計師對行業前景的看法，合共收回 428 份有效問卷。

專業會計師對前景看法只屬中游

如果以 10 分為最高分計算，表一顯示受訪者對會計專業整體行業發展現況的平均評分是 5.90 分，對行業未來前景的平均評分為 5.75 分，兩者均屬中游的評分，而行業前景評分又略低於行業現況的評分，反映受訪者對於整體行業的未來沒有太大的憧憬。另一方面，受訪者給予自己的工作滿足程度有 6.07 分，對自己在行業的前途評估則有 6.14 分，兩

表一、專業會計師對個人及整體的評價平均數
（0 分 = 最低 /10 分 = 最高）（N=428）

	評分
整體行業目前的發展	5.90
整體行業未來的發展	5.75
個人工作滿足度	6.07
個人在行業的前途	6.14

者均高於對整體行業的評分，更值得留意的是與整體行業評分不同，受訪者在自我評分當中，對自己前景的評分是略高於對自己現況的評分。

既然受訪者對行業的發展評分只屬中游，那麼受訪者認為是什麼因素導致行業出現瓶頸呢？透過與數十位業界人士的深入訪談，我們在問卷中歸納設定了四類因素：會計師事務所內部管理、外部監管環境、行業因素以及經濟環境。

不同類型事務所對當前挑戰看法有別

為了釐清不同會計師事務所之間對四類挑戰的看法，我們把會計師事務所分成三大類別：四大所（下稱 A 類所）；擁有上市公司客戶的非四大所（下稱 B 類所）；以及沒有上市公司客戶的中小所（下稱 C 類所）。從表二看到 A 類行對香港商業機會變差的影響評估最悲觀（3.58 分），近年內地大型企業來港上市招股的熱潮已不復當年，而本港新冒起的企業不多，四大所之間激烈競爭之餘，亦要面對非四大所崛起的挑戰，接受我們訪談的多位四大所合夥人其實都自覺面臨較大的發展瓶頸，他們都指出四大所是三類會計師事務所中最早進入內地拓展業務，有過擴張的黃金期，但二十多年的急速發展似乎已經到了成熟放緩的階段，再加上受到公司本身以及中國政府本地化政策的影響，內地成員所員工的人數已超越香港，香港專業人員獲派北上做審核的人次亦逐年減少，香港會計師在內地的發展機會已今非昔比。因此香港業務能否進一步向縱深發展對香港的四大行便更關鍵，香港整體經濟環境的重要性不言而喻。

相較四大所，B 類所對香港商業機會變差的影響評估相對樂觀（3.29 分），表三顯示了在 2010 年至 2015 年間，由 B 類所出任核數師的上市公司數目增長較快，有業內人士解釋，近年內地一些主要會計師事務所因為內地「走出去」的政策，都在香港尋找一些相對有規模的中小型會計師事務所合併或結盟，令這些香港中小型會計師事務所成為他們在香港的成員所，這種合併或結盟大大增強了原有香港會計師事務所在內地的網絡及競爭力，亦有助爭取更多的上市公司客戶，在這種大環境下，B 類行看到的機會便相對較多。

C 類所主要服務香港中小企，對內地及海外的商業機會的影響感受較少（香港商業機會變差：3.49 分；大陸商業機會變差：3.11 分；海外商業機會變差：3.0 分）。值得留意的是對 C 類所來說，最大的困擾的並非源自商業機會變差而是租金令成本上升，這項評估高達 4.14 分，嚴重程度遠超其他兩類所（A

表二、各類會計師事務所對影響營運因素的評估（N=428）

	全體受訪者	（A 類）四大行	（B 類）非四大行	（C 類）中小行	P 值
會計師事務所內部管理					
長工時	4.09	4.24	4.08	3.41	0.000
流失率高	3.97	4.11	3.96	3.32	0.000
會計監管環境					
監管機構愈益嚴厲	3.71	3.70	3.70	3.84	0.693
會計準則經常改變	3.73	3.61	3.77	3.97	0.050
會計行業環境					
香港會計師樓間競爭激烈	3.60	3.69	3.54	3.53	0.289
年輕會計師質素變差	3.40	3.41	3.42	3.20	0.495
開拓多元化業務能力有限	3.38	3.45	3.34	3.30	0.447
整體經濟大環境					
租金令營運成本上升	3.61	3.54	3.55	4.14	0.002
香港商業機會變差	3.43	3.58	3.29	3.49	0.017
大陸商業機會變差	3.35	3.44	3.32	3.11	0.189
海外商業機會變差	3.06	3.19	2.96	3.00	0.071
最低工資令營運成本上升	2.63	2.53	2.69	2.77	0.342

（註：評估由 1–5 分，1 為影響非常輕微；5 分為影響非常嚴重。*P* 值量度各組別差異的統計顯著度，$P<0.05$ 為顯著，$P<0.01$ 為非常顯著。）

表三、香港交易所上市公司核數師統計

	2010 年	2015 年	增幅
上市公司總數	1,421 間	1,780 間	25.3%
（A 類）四大行出任核數師	921 間	1,149 間	24.8%
（B 類）非四大行出任核數師	500 間	631 間	26.2%

（資料來源：香港交易及結算所有限公司）

類所：3.54 分；B 類所：3.55 分），反映了租金對愈小規模的事務所壓力愈大。

此外，三個類型會計師事務所對內部管理的挑戰評估亦有差異。A 類所及 B 類所給予長工時，以及高流失率的影響評估都接近 4 分或以上，相反 C 類所的評估則只有 3.41 分及 3.32 分。面對長工時及高流失率，不同事務所之間採取了不同的辦法解決。有四大會計師事務所的合夥人向我們介紹一系列改善工作環境的措施，包括彈性上班、申請無薪假期、裝修辦公室、以及舉辦員工活動等等，並指出四大會計師事務所每年聘用數百新入職者，其實是考慮了人員流失的因素，但初級職員流失對於大行來說影響不大，中級職員才是重點挽留的對象。至於一些中小所則採取了更靈活的人事策略應付挑戰，包括在旺季以兼職或自由身形式聘用人員來補充人手。

另一方面，三類所在監管機構愈益嚴厲對營運的影響看法傾向接近（A 類所：3.7 分；B 類所：3.7；C 類所：3.84 分）。值得留意的是曾有評論指嚴厲監管對擁有較優厚資源的大型會計師事務所有利，例如財務匯報局（Financial Reporting Council）改革建議對上市公司審計紕漏處以最高 1,000 萬元的罰則，就引來部分會計業界人士批評增加了中小所承接上市公司工作的風險，變相偏幫了大型會計師事務所和扼殺

圖一：香港會計行業經營瓶頸

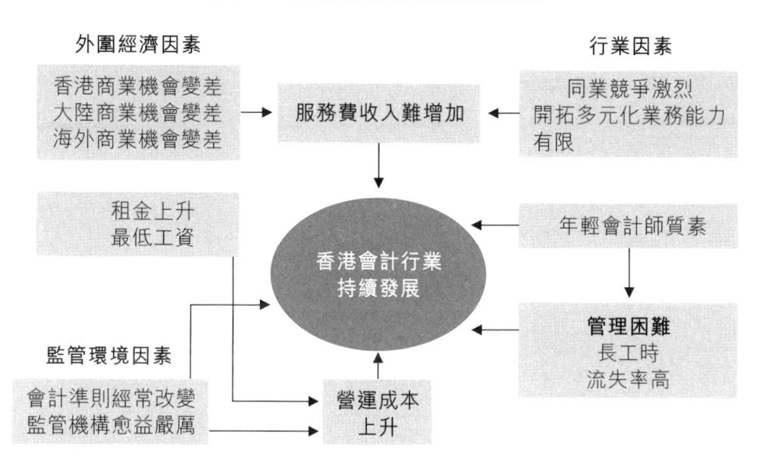

中小所的生存空間。我們的研究發現三類所在此選項中自覺所承受的壓力相若，有四大所的合夥人向我們訴說，由於四大所審計的上市公司數目比中小所多，承擔風險相對亦更高。會計準則經常改變亦影響了所有類型的會計師事務所，不同的是大所設有技術部門提供支援，相反中小所能夠投放的資源相對較少，因此中小所的影響評估分數較其他兩類事務所高（A 類所：3.61；B 類所：3.77；C 類所：3.97）。

以圖一來作總結說明的話，從統計學上來看，三個類型會計師事務所在長工時、流失率高、香港商業機會變差、租金上升以及會計準則經常改變這五個方面的看法有較顯著的差異。我們認為長工時和流失率高的內部管理問題可能要個別公司按照具體情況處理，會計準則經常改變則有賴業界攜手在落實國際會計準則以及營運壓力中找到平衡，至於香港商業機會變差以及租金上升則或更要依靠商界以及政府共同協力規劃。

會計師事務所中級員工最為不滿

除了按不同類型的會計師事務來解讀外，我們也把從業員按級別（初級、中級、高級）作交叉分析。表四結果顯示中級會計師對工作環境的各項評分皆為最低，有四大會計師事務所合夥人解釋，會計師的職業發展是一個「U」型的歷程，新人初入職頭幾年幾乎肯定每年都有加薪及晉升的機會，直至五至六年後晉升至經理，由於會計師事務所的人事架構是金字塔型，因此不少中級從業員便會陷入一個停滯期，所以可以理解他們在各組別中是相對悲觀的一群。

有會計師公會資深成員認為，會計師事務所不可能讓所有人都晉身成為合夥人，因此橫向流動（由執業會計師轉型至商業會計師）是一個重要向上流動渠道，事實上，會計師事務所是不少年輕人踏入其他行業的途徑，根據香港會計師公會的統計，在四萬多名會員中有近三分之二是在商業、政府、或教育機構中任職，因此要減少會計師事務所內中級人員的不滿，

表四、按級別對會計師事務所工作環境的評價（N=428）

	初級	中級	高級	*p* 值
到內地工作的機會	3.52	3.14	3.32	*0.001*
薪酬水平	3.10	2.94	3.36	*0.003*
專業訓練	3.26	3.14	3.35	*0.097*
高層職位空缺	3.19	2.95	3.15	*0.052*
薪酬制度公平	3.01	2.72	3.14	*0.001*

（註：1 分為最差；3 分為一般；5 分為最好。*P* 值 <0.05 表示差異度顯著；*P* 值 <0.01 表示差異度非常顯著。）

除了審視會計師事務所本身的內部管理問題外，更重要的課題是如何協助他們成功過渡至其他機構並獲得良好發展。

年輕會計師發展遇瓶頸，是否因能力不足導致呢？表五顯示了各級別會計師對於年輕會計師（入行5 年或以下）六項能力的評估，以 1 分為最差，5 分為最好，結果統計學上全部評分都出現了顯著差異，一般來說，級別愈高的會計師給予年輕會計師的評分愈低。初級會計師在六個大項的自我評分都偏向正面（達 3 分以上），反映出他們的自我感覺還是不錯的。中級對年輕會計師的評分在「技術能力」及「自發性」低於 3 分，其他四個項目評分均偏向正面。相反高級會計師就認為年輕會計師只有「道德水平」及「大學專業培訓」稍為理想，其餘四項能力評估都傾向負面。

表五、按級別對年輕會計師的能力評估（N=428）

	初級	中級	高級	*p* 值
語文能力	3.54	3.18	2.74	*0.000*
技術能力	3.35	2.93	2.87	*0.000*
道德水平	3.60	3.25	3.10	*0.000*
自發性	3.45	2.79	2.50	*0.000*
溝通及社交技巧	3.55	3.09	2.71	*0.000*
大學專業培訓	3.39	3.02	3.17	*0.000*

（註：1 分為最差；3 分為一般；5 分為最好。*P* 值 <0.05 表示差異度顯著；*P* 值 <0.01 表示差異度非常顯著。）

當我們要求受訪者比較香港及內地的年輕會計師時，結果便頗為有趣。前表所述初級會計師自我的評價不差，只是與內地同儕放在一起就有點自信不足，表六羅列的六大項比較評估當中，只有「英語水平」以及「國際視野」得到了過半數初級會計師受訪者認同香港年輕會計師比較優勝。反觀在表五對年輕會計師看似處處不滿的高級會計師，卻有逾六成半的人覺得香港年輕會計師的「道德水平」較高，認同比率較其他兩個組別多出 17% 或以上，這個結果清楚顯示出香港的上一代（高級會計師）未必處處都看輕香港的年輕人。

表六、按級別認同香港年輕會計師優於內地年輕會計師的比例（N=428）

	初級	中級	高級	*p* 值
英語水平	71.3%	73.3%	74.7%	*0.831*
國際視野	61.7%	54.5%	57.8%	*0.443*
道德水平	47.3%	48.0%	65.1%	*0.018*
溝通及社交技巧	44.7%	39.0%	21.7%	*0.002*
技術知識	42.0%	32.5%	24.1%	*0.013*
中文水平	8.5%	6.5%	4.8%	*0.525*

（註：P 值 <0.05 表示差異度顯著；P 值 <0.01 表示差異度非常顯著。）

從我們的訪談觀察，社會上總是瀰漫着上一代不斷指摘下一代的氛圍，原因在於身處較高級位置的人往往從香港競爭力出發看事物，在面臨內地激烈競爭時，不期然就會恨鐵不成鋼、抱怨香港的年輕人自我裝備不足、缺乏危機意識，但從表六看來又不見得年輕人完全沒有危機意識，他們都知道內地同輩競爭對手強勁，從這個角度來看，年輕人的危機意識不比上一代低。換言之，我們其實不應再糾纏於爭拗誰是誰非，應該着力討論如何加強共同認可的長處（英語水平、國際視野、道德水平）以及改善不足（溝通及社交技巧、技術知識及中文水平）。

不同職級間對經營困難看法不一致

同處會計師事務所內，但由於級別不同，看事物的視角也有分別，表七是從不同級別會計師受訪者對影響事務所運作的評估，在十二項因素中，有八項的評估在統計學上是出現了顯著的分別，愈高級別的會計師傾向認為該項因素對營運的影響愈嚴重。當中又以「會計準則經常改變」以及「租金令營運成本上升」兩項的差異最大。有業內人士解釋，初級人員的主要職責是在上級指引下具體執行工作，對會計準則改變的感受因此沒有中高級人員那麼深，至於租金更加不是所有初級人員都能接觸的事物。

對於會計師事務所的營運，有初級人員在接受我們訪問時坦言，希望公司在遇到困難時能夠開誠布公，和公司職員一起尋求解決辦法，他們認為透明度愈高，就愈能夠減少下屬不必要的猜度。另外，坊間經常有印象，愈年輕的人對建制組織愈不滿意。有趣的是我們的研究發現初級會計師無論對「公會」以及「政府」的評價都是相對最高分的。表八顯示在對「公會助拓展商機」以及「政府吸引投資」這兩項，高級會計師給予的評分反而是三個級別中最低的，這或反映出上一輩縱然不認同年輕人的抗議手法，但雙方對於爭取政府或業界組織改善管治的期盼卻是相當一致的。

表七、按級別評估影響會計師事務所營運的因素（N=428）

	全體 受訪者	初級	中級	高級	*p* 值
1. 會計師事務所內部管理					
長工時	4.08	4.1	4.15	*3.83*	*0.043*
流失率高	3.96	3.87	4.08	*3.93*	*0.158*
2. 會計監管環境					
會計準則經常改變	3.72	3.53	3.74	*4.11*	*0.000*
監管機構愈益嚴厲	3.71	3.38	3.79	*4.30*	*0.000*
3. 會計行業因素					
香港會計師樓間競爭激烈	3.60	3.50	3.65	*3.89*	*0.007*
年輕會計師質素變差	3.38	3.17	3.55	*3.53*	*0.003*
開拓多元化業務能力有限	3.37	3.25	3.45	*3.42*	*0.135*
4. 整體經濟大環境					
租金令營運成本上升	3.60	3.41	3.64	*3.95*	*0.000*
香港商業機會變差	3.43	3.27	3.43	*3.75*	*0.001*
大陸商業機會變差	3.34	3.18	3.42	*3.59*	*0.012*
海外商業機會變差	3.07	2.94	3.18	*3.10*	*0.092*
最低工資令營運成本上升	2.63	2.73	2.53	*2.59*	*0.358*

（註：1 分為影響非常輕微；3 分為一般；5 分為影響非常嚴重。*P* 值 <0.05 表示差異度顯著；*P* 值 <0.01 表示差異度非常顯著。）

表八、按級別對政府及公會的評價（N=428）

	初級	中級	高級	*p* 值
公會技術支援	3.16	2.88	2.93	*0.016*
公會落實國際準則	3.28	3.13	3.14	*0.277*
公會助拓展商機	3.07	2.70	2.68	*0.001*
政府吸引投資	2.97	2.48	2.37	*0.000*

（註：1 分為最差；3 分為一般；5 分為最好。*P* 值 <0.05 表示差異度顯著；*P* 值 <0.01 表示差異度非常顯著。）

總的來說，香港會計業面臨的處境千頭萬緒，或多或少折射出香港的現況：社會不同持份者的多元利益衝突、外圍經濟環境陰晴不定，上海、深圳、新加坡等近鄰競爭愈趨激烈。我們認為要在眾多問題中找到突破，首先要梳理出上述一系列困難之中，有哪些是會計師事務所內部有可能解決的，哪些是需要集結行業的力量通過更多的同業協作來尋求改變，哪些又是屬於整體社會經濟政策層面的問題，得由政府以及工商業界來作協調規劃；又有哪些是個人努力和教育的範疇。而會計界內不同年齡層之間對行業前景的看法其實差異頗大，上一輩對下一輩的能力評價，相比於年輕會計師的自我能力評價更往往是南轅北轍。雖然如此，從這次研究結果看來，年輕會計師對行業的怨氣沒有想像中那麼大，現時社會上熱談世代之爭往往陷進二元對立的套路，一方面上一輩指責下一輩崇尚空談，下一輩就反斥上一輩保護既得利益，阻礙社會流動。這些世代矛盾的調子在我們對會計行業的研究並非簡單的出現，而是呈現出更多樣的形態。我們相信，唯有透過客觀分析來檢視各方的不同看法，才能找到共同前進的方向，達致行業的持續性發展。

（初刊於《灼見名家》，2016 年 5 日 9 日；這次出版文字略作修訂。）

會計界選民在考慮甚麼？

梁繼昌
立法會（會計界功能界別）議員

2016年12月舉行的行政長官選舉委員會選舉，共有62位候選人競逐30個席位，結果由民主派和反對梁振英連任的團隊全取所有議席。當中不少行內知名度不高的候選人，得票比行內的明星級候選人為高，令業界人士對選舉結果感到意外。

這個較為意外的選舉結果，少不免引來不少討論。有曾經宣佈參選特首的候選人暗示，當選的人並非行內精英，令人質疑該意見有貶低當選選委之嫌；另一個引起大爭議的評論，是來自一位前會計師公會會長，他在報章評論中指出，出現這種選舉結果「是基於對現狀的不滿，特別是年輕會計師，大部分都未置業或未能置業，他們同時亦因為年資、職位及薪水較低要受氣而投反建制一票。」

毫無疑問，不少年輕會計師確實受到共同問題所影響：工作時數過長、向上流動機會不足，加上需要持續進修以適應新的會計準則，考取專業資格，生活壓力自然很大，對未來事業發展亦感到迷茫。

另外，筆者想起了在2006年，公會推出了一段名為 Tute in da House 的廣告短片，原意是希望以跳 hip-hop 舞為專業會計師建立一個比較有活力的形象，但觀乎當年業界（尤其是年輕會計師）對該短片的反應，看來是毀譽參半。這個例子，反映了公會部分的決定和取態確實和大多數會員的認知和期望存有落差。近年公會理事選舉，有參選人會利用這平台表達他們的意見，並希望推動公會的改革。

因此，在過往的立法會和選委會選舉，都出現了一種説法，就是普遍會計師都傾向不支持會計師行的管理階層或專業團體領導層，或是他們推舉的參選人，以反映他們對行業發展現況的不滿。但這種「業界內部矛盾論」，其實並不足以完全分析到政治選舉上選民的取態，筆者希望透過本文章分享一下我的看法。

功能組別的起源

功能組別的存在，是香港政治制度中的特別現象。其發展可追溯自港英時期的共識政治（Consensus Politics）管治模式。在這種模式下，行政和立法兩局會吸納社會上具有影響力的代表和專業界別的領袖進入管治架構中協助決策。但隨着社會發展，加上中英聯合聲明中訂明，未來香港的立法機關將由選舉產生，為了確保工商界的領袖於議會內繼續有代表，於1984年提出的《代議政制綠皮書》，建議設立功能組別選舉，令政治制度可順利過渡至回歸後的政治制度。

香港於1985年舉行了第一屆功能組別選舉，由九個界別選出了12名立法局議員。其後1988及1991年的選舉，逐步增加了功能組別的議席和數目。

政府於1988年發表了《代議政制今後的發展白皮書》，將原有的金融界別，擴展為金融和會計兩個界別。其中會計界，所有香港會計師公會註冊的專業會計師都具備成為選民的資格。功能組別的構思原意是希望當時的立法局內有一些來自不同專業的人士，利用他們的知識貢獻社會。在立法會討論各種民生問題之時，透過專業人士以其知識和觀點參與討論。

當年推出功能組別原屬於過渡時期的過渡措施，直至議會完全由直選產生。前律政司司長黃仁龍代表政府向聯合國提交報告時，表明功能組別只屬一個過渡安排。而功能組別存廢問題、界別分類的準則，以至選民基礎一直都是香港政制發展一個具爭議的重點。

截至2016年，會計界登記選民人數為25,970人。是眾多功能界別中，其中一個選民人數最高的界別，再加上是由個人以一人一票選出，在歷屆的立法會和選委會的競爭都非常激烈，投票率往往亦較高。

公眾與業界利益

就會計界而言，不論立法會和選委會選舉，每次最主要的爭議都圍繞同一個問題：應該以業界或是全港議題為先？

根據《基本法》第七十三條，立法會最主要的職能是制定、修改和廢除法律；審核及通過財政預算、稅收和公共開支；以及對政府的工作提出質詢。由此可見，不論是地區直選或是功能組別議員，大家的職責都是相同。但由於功能組別的議員往往由所屬界別選民選出，一般的説法是在公眾和業界利益上往往難以取捨，但根據筆者的經驗，公眾與業界利益往往並不是一個簡單的二分法。

專業會計師除了任職於不同規模會計師事務所外，亦會於不同類型的機構工作，在各行各業擔當不同職位，提供專業服務和支援。根據會計師公會 2016 年的會員調查顯示，共有 28% 的會員從事銀行、資本市場及金融服務，其餘的為零售及批發（12%）；建築、物業及房地產（11%），以及製造業及工程（11%）。

基於職位和所屬行業的差異，大家所關心的業界議題往往都不盡相同。依過往經驗，不少業界人士最關心的是房屋、教育，和經濟發展等香港大眾關注的議題；另外有些看似和業界相關的問題，例如租金成本過高、工作時數過長，向上流動機會不足等，其實都與政府宏觀政策息息相關。多年會計專業訓練和稅務工作的經驗，令我能夠利用專業知識去審議法案和監察公帑運用，為從政者，如只重視狹隘的業界議題，實在是有負市民所託。

選舉是學習的過程

功能組別存廢的問題，筆者過往已在其他地方討論過，在此不再重複。會計界選民所關注的議題和投票的取向，其實往往隨着社會環境而有不同的考慮。經歷過多屆選舉後，見證過多年來在政治環境的改變，業界內的選民亦漸漸明白在政治選舉的主要功能和角色，理解政治制度和專業團體在處理業界相關議題的分工，他們在投票前往往並非單以業界利益為唯一的考慮。從政治取向而言，會計界在眾多專業中的情況比較特殊。不少會計師因需要到內地工作，或公司的業務和內地有緊密的連繫，因此很少會願意公開談論政治，亦因此有人會認為會計師是政治冷感的一群，但作為專業人士，相信不少人都會明白完善的法治及監管制度的重要性，這亦是香港的最大優勢。在這個基礎下，相信他們在下投票決定前，除了業界利益外，還會將更多更重要的事宜列入考慮因素。

會計專業　與時並進

陳美寶
香港會計師公會會長

香港城市大學的研究結果指出，長工時是受訪者認為最困擾會計行業，這也是我們近年來經常探討的話題。但其實這亦是香港其他專業界別如醫生、律師等都存在的問題。會計行業其中一項特別之處，是要協助客戶在法定期限前完成審計並發佈財務報表。由於香港有眾多內地來港的上市公司，他們的年結都是在年底，並要在 3 月底前公佈業績，因此有很多工作都集中在第一季，我們稱之為工作高峰期。

我於 90 年代初投身會計行業，先在四大（當時是六大）會計師事務所做審計員，後來創辦了一家中小型會計師事務所，去年再併入致同（香港）擔任副管理合夥人。在事業生涯中，我也經歷過及體會到長工時帶來的挑戰，但我認為，作為一位會計專業人員，我們的工作就是要面對企業及監管機構訂下的「死綫」，在「死綫」前盡力完成所有任務，這其實是一種專業精神的體現。

解決長工時端賴溝通與體諒

要解決長工時這個問題，有人提議會計師事務所應增聘人手，但要聘請到合適人選也不是一件容易的事。以個人而言，我聘請員工主要考慮幾個條件：一是要有承擔，願意在這個專業長遠發展下去；二是要有進取心，設訂目標後再繼續不斷提升自己的專業質素；三是要有敏鋭的觸角，能掌握時代變化，例如是新科技帶來的衝擊；四是行事謹慎；與其他很多行業一樣，會計也十分注重群體作業，一處地方犯錯，往往連帶影響整隊人的進度。無論如何，我相信各方都同意一點，就是沒有僱主是刻意想延長下屬的工時，因為長工時會導致精神不足，增加犯錯機會，也引致高流失率，這些問題其實對管理層來説是相當困擾的。而當下年輕人對工作生活平衡的概念愈益高漲，也是僱主所認同的。

由於每間事務所的實際經營狀況不同，業界人士很難提出一刀切的建議。畢竟，要妥善處理長工時這個問題有賴勞資雙方坦誠溝通。管理層應該如實將公司的難處告知員工，並與員工商討加班的補償安排；而員工在過程中遇到甚麼困難或不滿，也應該開誠布公反映給管理層知道。我認為只要雙方都願意互相體諒，大家便可以在辛苦工作之餘，得到可觀的回報及適當的餘閑生活。公會在這方面可扮演中間人的角色，提供平台協調雙方坦誠溝通。

審計準則愈益嚴格乃大勢所趨

有部分從業員會將工時過長歸因於監管準則愈趨嚴格，但這是一個付出與收穫（give & take）的問題，香港是國際金融中心，就必須要符合國際會計準則，才能保住我們的優勢。中國大陸及很多其他亞洲地區的會計準則已經或正走向與國際接軌，如果香港反過來停步不前的話，香港又怎能確保其國際金融中心的地位？

事實上，香港會計師公會在落實國際會計準則時也有區別對待，凡涉及上司公司的一定會全部依照國際準則的要求，但對於一些規模不大的私人企業，公會設有另一套《中小型企業財務報告準則》（SME-FRS），這個準則相對來説比較精簡。此外，中小所感到壓力增加的原因，或與企業愈來愈多使用金融工具有關，因處理金融工具（例如計算公允值）的工序是比較複雜。

為了協助中小所面對會計準則改變帶來的挑戰，香港會計師公會每年都會舉辦多場 Technical Update Evenings 培訓會員，當中小所遇到技術難題也可以聯絡我們的技術部門尋求指引。此外，每逢國際會計準則提出改變，公會都會盡快推出諮詢文件及舉辦論壇收集意見。而公會內也設有一個中小所委員會，專門反映及討論中小所遇到的困難。

收費提升關鍵在替客戶增值

審計難度高了其實不是大問題，最關鍵是審計費用沒有同步增長，付出與收入不成正比。要提高審計費，我們便要想辦法為客人提供增值服務。以中小所來說，提升專門化的服務能力非常重要，因這樣才能打出名堂。自身的經驗告訴我，中小所不能與大所爭取同一種客源，要分清楚大所服務大公司，中小所服務中小企。中小型企業也有走出去的，不單是內地企業來香港，有很多香港企業也想開拓內地的市場。做生意便會涉及記帳、優化營運流程、收購合併等活動，這些都是中小所的商機。為了提供更好的專業服務，我公司邀請不同的人才加盟，開拓更多增值服務，如風險管理及協助收購合併等，這些都是我們的強項。我一向都不主張以降低價錢爭取生意，因價錢太過便宜，生意是很難做下去的。我也希望同業在接生意的時候應該考慮三點，一是要堅持專業操守，不能降低質素；二是要專重自己的專業身份，收取合理的費用；三是多想想如何為客人增值。

香港會計師公會也十分關注如何為會員增加商機，一直積極舉辦內地的交流活動，及提供機會給會員參與國際性會計會議，讓香港中小所結識多些潛在客戶及合作夥伴。過往部分中小所的確對這類活動不太熱衷，特別是要到海外的話，成本會較高昂。但近年來參與率已有明顯改善，因他們可能已看到成效。中小所雖然人手較少，但也可藉着建立海外同業網絡加強競爭力。香港作為一個國際金融中心，吸引了很多海外公司在本地設立辦事處，他們在其他國家及內地都會有分公司，如果中小所在這些地方沒有辦事處，就很難接到他們的生意，但若中小所在每個點都開設辦事處，派人長駐，也是不符現實。可行的解決辦法是和海外或內地的會計師事務所合作，內地現在很鼓勵企業走出去，我們的機會還是有的，只是大家都在轉型摸索中。有些人説內地生意機會正在減少，這點我是不認同的，內地 13 億人口才有二十多萬名註冊會計師，比例是 6,500 對 1，因此市場空間依然廣闊，能否把握全在乎香港會計師可否繼續保持過往的競爭優勢，例如我們經常強調香港人擁有較佳的國際視野，因此同業們應緊貼國際時事，與時並進。

數碼化形勢不可逆轉

大型會計師事務所早已洞識到發展資訊科技的重要性。將來會有愈來愈多簡單的工序由電腦取代，僱員的工作量可望減少，能夠騰出更多時間做一些高增值的服務，例如是數據分析、提出營運建議等等。有部分人擔心機器會取代人手，進而威脅從業員的就業機會，我認為這是過於憂慮了。我反而從中看到一些新的機遇，關鍵是大家要想想如何提升自己的技能水平去應付改變。行業對人才依然渴求，只是渴求的技能不同了。舉個例子，現在大家經常談的人工智能會計，說白了其實就是程式加會計準則，因此一個既懂編寫程式又懂得會計的人便會很吃香。此外，資訊科技亦可有效打破地域界限，電子商貿就是一個很好的例子。

數碼化趨勢已是不可逆轉，我們上街購物很多時已不用現金，當所有交易都已數碼化，一些傳統的會計記帳就不再適用，這是我們行業需要面對的。然而，我也明白中小所資源比較緊絀，很難大額投資資訊科技發展，這方面公會也十分關注。此外，我們也在改革專業資格課程（QP），加重資訊科技的內容，致力培訓新入行的從業員具備適當的技能。公會也希望大專教育機構能夠緊貼這種轉變提升會計課程，為業界培養人才。

我於90年代畢業後投身工作，當時六大會計師事務所合共才招聘數十人，以數百個會計系畢業學生來說，是十多人爭一個職位，現在單是一家四大會計師樓聘請的學生數目已不止於此。我們那個年代只要做好本份，便很容易獲得賞識，一來競爭人數少，二來環境相對簡單；現在的環境複雜了，單單掌握所有審計及合規標準已是很大的挑戰，冒升的機會的確是少了。但我認為每個時代都有能力高低不同的人，很難説上一代人比這一代人優勝，或説這一代人比上一代人更懂得生活。同樣地，在不同時段下經營會計師事務所，無論是大中小型，都會面對着不同的挑戰。

此外，會計的訓練其實亦為會員開拓了更多事業機會。各行各業都需要會計人才，我們的會員在各大中小企業、政府及自願團體都有很多發展的機會。現今會計師的角色已非常多元化，在商界方面，他們除了處理財務工作外，也有負責投資者關係，及資訊科技發展等。即使在執業界別，除了傳統的審計及税務外，也有很多從事各項諮詢工作，包括企業管治、上市集資、收購合併，及網絡保安等。

無論如何，會計行業即使辛勞，但獲得的回報也尚算豐厚，除了遠高於香港入息中位數的薪金外，也得到了社會廣泛的認同，因為會計是一門專業，我們都秉持應有的專業態度完成工作，為商業及社會增值。

專業人才資源的挑戰

吳嘉寧
資深審計師
四大會計師事務所之一前主管合夥人

香港城市大學就香港會計師專業研究的結果顯示，業內高層並不太滿意基層員工的質素。另一方面，會計師這個專業在香港的吸引力近年正在下降，工資亦多年沒有實質的增長，員工流失率嚴重。不少基層員工都感到工作乏味，工時過長，培訓不足。綜合來説，會計專業目前似乎面對着一個難以吸納及培養新人才的挑戰。我想就這個議題提出一些分析及改善建議。

會計專業首重道德操守

每年加入會計師專業的新血大多數都是主修會計及財務專業的大學本科畢業生。不少新同事都有誤解，以為只要具備了相關專業知識就能夠勝任會計師的工作。其實會計師專業最注重的是個人及專業操守，從事會計專業的人必須抱持正直及誠實的道德觀念，能抵受壓力，抗拒誘惑及有勇氣指出客戶的錯誤。甚至有人可以説，做會計師在本質上比做其他行業更難。難的地方在於會計師是由被審計企業委聘的，但同時卻要對投資者、各監管機構及公眾負責，實際工作時，需要及時指出客戶財務報表的不足。因此，做會計師要有良好的心理質素，把持能力，判斷能力以及紀律。我了解到近期大學教育中，有些院校並沒有把專業操守課程列為必修。不少本科生在入行時為了競爭進入四大會計師事務所（四大），亦沒有真正考慮自己的性格及習慣是否適合加入會計專業。這正正也為會計師行業能否吸納適當的人材埋下了隱患。

香港會計師培育了大批內地會計人才

會計師行業的職業階梯是一個相對尖的金字塔型設計，由初入職的審計員晉升至合夥人大約是三十至五十人取一。在如此激烈競爭的環境下，能夠在事務所中打拼上來的會計師，業務能力都應該有保證。在90年代初期，隨着內地國企改革以及來港上市，香港會計師行業呈現了爆炸式增長，對人手渴求殷切，遠遠超過了供應量。在人手嚴重缺乏的情況下，會計師事務所在人才培訓以及提拔方面都較以前寬鬆。有部分按以往來說可能並不具備升遷資格的員工，因人手不足都獲提升至中、高層職位。形象一點的講法是「這批員工自己都未學滿師，但已經要出來指導別人」。而由那時起，香港會計師行業便開始出現人才斷層。90年代初期，四大會計師行在內地每間機構都只有數十名員工。時至今日，經過二十多年，每間四大的員工平均超過八千人。這一大批內地員工的成長，絕大部分都是依賴由香港借調往內地的會計師精英培養成材。香港會計師對內地會計師行業的建立作出了重要的貢獻，正因如此，能留在香港的優秀人材便相對減少了，對香港年輕會計師的照顧也相對減少了。

中高層領導能力影響新人質素

傳統來說，審計員工在每年1月至3月以及7月至8月比較忙碌，在其餘較清閒的月份其實仍然可以有充足的時間去準備考試及享受一下生活的。但為什麼近年好像愈來愈多人投訴工作效率低，工作時間完全擠佔了生活空間呢？原因可能是由於部分中、高層員工未有做好帶領新人的工作。我要指出，資深員工對新人的培訓是有根本的影響。現在新入職員工流失率那麼高的原因之一，可能就是他們覺得未有得到適當的專業指引和培訓。我打一個比喻，一個新人入職，如果是給九個有能力的人包圍，他的成就一定不差，相反假如身邊都是能力較低的同事，他的前路就一定不好走。所以，中高層的員工和合夥人責任重大，我們務必要自覺地提升自己的能力，以及付出更多的時間和精力來培育新人。

審計費用未能追上成本的上升

鑒於近幾年出現了數次企業做假帳個案，監管機構對審計師提出了不少新的要求，工作量因而大增。但審計費用往往未能追得上增加的成本，有時甚至出現審計費不增反降的情況。審計費用下降的原因很多。以往審計費用一般是會計師事務所與被審核企業協商的結果，當審計師輪換制度出現後，部分企業更傾向以招標形式挑選審計師，因而令價低者得的不良現象日趨惡化。此外，部分非財務專業科目出身的企業領導對會計師的作用未能有較深切的了解，因此不太願意投放較多資源在審計上。在資源相對緊絀的情況下，事務所及團隊更加不願意付出時間及耐性去教導新人，構成今天人才質素的挑戰。

會計師供應量過多

在 90 年代，由於內地企業對香港會計師人才的爆炸式需求，我們加快了培訓會計師的速度，以舒緩人手不足的問題。但當內地企業需求增速減慢下來後，我們並沒有做出相應的調節。從表九可以看到，香港註冊會計師人數在過去幾年的複合增長速度已遠遠超出香港的 GDP 增幅。換句話説，在內地新增需求放緩的情況下，香港已出現基層會計師人員供應過多的情況。審計行業近十多年來實質工資並沒有增長，部分職位實質工資甚至出現下降。

表九、香港會計師公會註冊會員人數

	2011	2012	2013	2014	2015
執業會計師	3,827	3,973	4,141	4,259	4,393
非執業會計師	28,341	29,928	31,392	32,939	34,306
總數	32,168	33,901	35,533	37,198	38,699
會計師每年增長率		5.39%	4.81%	4.69%	4.04%
香港 GDP 實質增長率		1.7%	3.1%	2.6%	2.4%

(資料來源：歷年會計師公會年報)

如何改善前景？

首先，我們需要檢視清楚問題所在。內地會計師人才目前已經大致能滿足內地業務需要，不再需要大規模地向香港吸納香港會計師在內地長期工作。本地院校在考慮課程設計上是否應該用「零基預算」的方式，重新審視一下我們每年需要多少會計畢業生去應付本地需求。院校在課程設計上能否更加關心培養學生的正確核心價值及道德標準，新時代的複合專業人才需要更廣闊的視野和跨學科的知識面，和傳統的專業教育不太一樣。香港大型會計師事務所作為會計專業的帶領者是否應該踏前數步，例如我們是否應該去問一下：為何我們基層員工的工資不能有較高的實質增長呢？我們總是重視在市場競爭中取勝，但同業之間同時能否更多想想能否協作？如何協作？

結語

我 80 年代大學畢業後，一直在會計師事務所工作，經歷過本地人才晉升極其困難的年代，亦經歷過人才極其不足的 90 年代，一年可加薪數次。但近期感受到的是行業比較消極的一面。要香港的年輕人對會計師這專業和工作重建信心，管理層要更好的營運，破舊立新，員工工資要有實質增長，員工向上流動要加快。如何在香港本地相對成熟經濟體下更好地發展會計師這個行業，是所有在職資深本地會計師的責任及使命。

第二章

國際會計師事務所的挑戰

危與機並存

陳錦榮
香港立信德豪會計師事務所董事總經理

我投身會計行業已經三十多年，過往會計師是一個頗受社會尊重、並會被視為是前途光明的專業。但近幾年情況似乎有些改變，在香港行政長官選舉拉票期間，候選人之一的林鄭月娥在出席一個競選活動時，都曾經引述過一些年輕會計師的投訴指「大會計師事務所的年輕從業員受高層欺壓」，由此可見，會計業的一些負面形象已經深入民心，對管理層來説這是很大的警號。綜合城大會計業的研究，大所對年輕從業員的所謂欺壓，主要包括了以下幾點：工時過長、起薪點太低以及薪酬晉升架構不公平，但儘管不滿聲音如此尖鋭，我估計現時有六成至七成剛畢業的會計系大學生仍是以投身大型會計師事務所作為首選職業。換句説，當不少人一方面覺得大型會計師事務所刻薄員工的同時，更多人仍然會選擇這個地方作為事業起步點。

大所欺壓年輕會計師實屬誤解

針對長工時這個問題，我認為首先要弄清楚一些客觀的背景，在過去幾十年來，有大量的內地公司來港上市，根據香港證監會及交易所的規定，所有上市公司必須在年結後三個月完成審計工作，而大陸公司的年結就規定在每年的 12 月，因此在 1 月至 3 月（以及 6 至 9 月這半年年結期間）形成了超級高峰期，同事的工作壓力一定會很大，然而這並不是我們會計師事務所可以控制的。另外很重要的是，年輕人應該要為職業規劃作出個人判斷，我認為會計師是一門先苦後甜的專業，一個畢業生在初入行的頭幾年既要應付工作，又要參加專業資格考試，肯定會相當辛苦的，在這段時間講求生活及工作平衡是不可能的，一定要犧牲拍拖、看電影以及遊行等活動的時間，但當你經歷完這階段並進入事業軌道後，相比起你的同輩而言，生活卻是相對優渥，比上不足、比下有餘的。相反，如果有年輕人堅持私人生活比工作重要的話，我認為專業會計師這個行業或未必適合你。

此外，對於坊間經常批評會計師事務所的入職起薪點過低，我認為這未必是事實的全部。過去十多年，大中型會計師事務所初入職員工的起薪點是有所增加的，至於增加的幅度其實是取決於市場的供求定律，當事務所能夠以 1.5 萬元月薪聘到足夠人手的時候，事務所是不會把薪金無緣無故升至 1.7 萬元的，同樣道理，當事務所以低於市價的 1.3 萬元月薪去聘請人手時，是不會招到人的，屆時事務所自然要把月薪調升至 1.5 萬元。換句話說，起薪點完全由市場主導，期望以人為的力量去改變是不切實際的。

至於談到薪酬制度不公平，我認為這當中存在了一定的誤解。以我們的事務所為例，在每年總結業績的大會上，管理層都會先把某個比例的利潤留下來分配給達標的下屬作為花紅，釐訂這個比例的基礎是不遜於其他大行，否則便留不住優秀人才。市場對於擁有三至五年會計經驗的中層人才需求很大，以我們的行來說，這批人的流失率在早幾年曾經試過高逾三成，最近幾年就降至兩成以下。有些時候，我有五成至六成的工作時間是用在挽留人才，招數除了加薪之外、也要改善工作環境、提供良好的培訓機會、建立公司文化讓員工有自豪感等等也是相當重要的。總的來說，由於市場對於人才的競爭激烈，因此那些所謂「肥上瘦下」的臆測是不存在的。

會計師事務所審計邊際利潤降

為甚麼城大的研究會反映出中級員工甚為不滿呢？我認為主要原因是他們不了解事務所的成本結構。從事上市公司審計工作的大中型會計師事務所，為了應付各方日趨嚴格的監管要求以及提升市場競爭力，在合規、內部程序監控、品質控制、內部培訓以及資訊科技等方面的投資愈來愈大，簡單舉個例子，每當會計準則更新，我們都要組織員工開班講解有甚麼變動，亦都要增加人手覆查員工有沒有按新準則來預備報表。這些投資其實正在增加會計師事務所合夥人的負擔，如果要計算的話，管理層可以分到的利潤與上一輩相比也是相去甚遠的。

從宏觀角度去看，這其實牽涉審計服務邊際利潤不斷下降的問題。會計師事務所為了保持審計水準而增加的成本不容易轉嫁給客戶，香港本地客戶相對來說比較接受增加審計費用，但內地客戶一般來說就比較抗拒，這主要因為中港兩地的文化及生活成本存在差異，舉例來說，聘請一個審計員，內地工資成本肯定比香港便宜，內地企業很自然就會以內地成本去衡量香港會計師事務所的服務價值，為了解決這個問題，現時很多大所都會用內地分所的同事負責內地的客戶，藉此平衡收費與成本，不過，我認為這只是治標不治本的措施，因為只要審計報表是在香港發出的，會計師事務所仍然是要用香港同事去把關，而且長遠來說內地員工的工資也會增長起來的。另外，當內地監管機構頒下每五年要轉用另一核數師的新規定之後，很多公司都利用轉用核數師作為契機去壓低審計費。

會計師事務所轉型勢在必行

即使如此，我認為審計行業仍是有前景的，我們可以利用資訊科技節省成本之餘，亦都可以藉此幫客戶建立一套大數據（big data）系統，做數據分析以及資料探勘。以往審計可以說是從下而上（bottom-up）的工作，往後將是自上而下（top-down）為客戶企業提供更闊的視野來作出商業決策。

在提升審計服務之餘，整間事務所也要作好向諮詢服務（Advisory Services）轉型的準備，我們事務所目前諮詢服務收入佔整體收入約三成，而理想目標是增至五成，提供的服務範疇很廣泛，當中包括了法證會計、稅務諮詢、估值服務、企業投融資以及企業內部監控等等。轉型過程是充滿困難，因為傳統的審計業務，公司人才都是由下而上逐級培訓提拔上來的。但諮詢服務卻非如此，很多時都要從外招聘一些有經驗的人進來，這當中就牽涉到專業道德操守、客觀獨立以及薪酬水平釐訂等一系列的問題，以我們的企業投融資部門為例，就曾有一些主要職員（leading practitioner）要求以佣金作為基數的計酬方式，這些都是我們在轉型過程中需要克服的問題。但我認為會計師事務所走向綜合型專業服務提供者的路是頗肯定的了，屆時一家事務所將集合會計、法律、投行、估值、研究等多方面專業人士，這正如我們 BDO 德國以及 BDO 美國都有律師提供服務一樣，只是香港這方面的法規未跟得上。

內地會計師事務所的能力的確愈來愈強，如果他們是要和我們競爭同一批客戶、吃同一碗粥的話，競爭將會非常大。不過，以我的認知，內地大型會計師事務所志不在此，他們瞄準的是整個大中華市場，從這個角度看，與內地會計師事務所合作或可以發掘一些新的機會。而且我認為香港會計師還存在不少優勢，我們的培訓是非常嚴謹的，由大學教育到在會計師事務所接受的培訓都強調專業操守以及誠信，我們在處理與客戶的關係上拿捏得較為準確，內地有些同業會忌諱國企公司而在工作上有所妥協，但香港會計師事務所卻會較為嚴謹，因為我們都知道審計的目的不單是要保護大股東、更要保護眾多小投資者，所以我們必定要做到客觀中立。全靠這份堅持使香港會計業獲得廣泛的國際認可，我們簽發的審核報告獲得眾多國際投資者青睞，並以此來評估投資風險，這亦是香港可以成為國際金融中心的重要支柱之一。

政府改革需顧及實際環境

為了要追上國際監管要求，香港會計師公會正處於一個改革的十字路口。在爆發安然事件（編者按：安然事件（the Enron Incident），是指 2001 年發生在美國的安然（Enron）公司破產案。安然公司曾經是世界上最大的能源、商品和服務公司之一，名列《財富》雜誌「美國 500 強」的第七名，然而，2001 年 12 月 2 日，安然公司突然向紐約破產法院申請破產保護，該案成為美國歷史上企業第二大破產案。）後各國都加強了會計行業的監管要求，手段之一是成立獨立的機構取代會計行業協會履行偵查及審理投訴個案。香港也正經歷這個過程，政府提出以財務匯報局（FRC）

去取代會計師公會監督會計師事務所處理上市公司審計業務的事宜，至於私人公司的審計業務則仍由會計師公會監管。香港不走這步將會很「輸蝕」，因為一天不改革，香港便加入不了由歐美、澳洲、日本、加拿大等多個國家聯合發起的國際「獨立審計監管機構國際論壇」（IFIAR），香港未能成為會員前，所有由香港會計師簽發的審計報告將不會獲論壇的其他成員國承認，這將會大大削弱香港會計業的國際地位。除了監督及審理投訴個案，財務匯報局亦將授權由會計師公會代表香港參與「國際審計與鑒證準則理事會」（IAASB），負責釐訂新的國際會計準則。對於 BDO 來說，監管制度的改變其實影響不大，因為我們的內部監控已相當嚴謹，只要各機構不要重複巡查浪費資源就可以了。

至於政府方面，我認為證監會與港交所要小心處理甚具爭議的上市審批改革方案，因為處理失當將會打擊香港的金融業，進而牽連會計、法律、銀行等專業人士。在討論審批改革時大概出現了兩個極端：一方要求監管者應該嘗試杜絕所有疑似不當行為來保護小投資者（即「監管機構評審為本」）；另一方則認為只要尋求上市的公司披露所有資料便可，風險應由投資者自行評估承擔（即「資料披露為本」）；我認為各方宜中間落墨，採取中庸之道，逐單個案去研究，舉例來說礦業本身是一個風險很高的行業，可以採不出礦倒閉、也可以採出鑽石而一夜暴富，如果採用「監管機構評審為本」、不容許投資者承受任何風險的話，那麼礦業公司將很難上市。

我知道坊間對於參與上市工作的會計師有頗多微言，但會計師其實也頗無辜的。現在被批評最多的上市公司大多涉及「搭棚」或「啤殼」的行為，這些公司本身都擁有一些具體的業務，會計師負責審計的是這些具體業務的營運數字，然而「搭棚」或「啤殼」與這些營運數字是無關的，新股搭棚是利用配售及貸源歸邊的漏洞獲利，至於「啤殼」亦純粹是一些財技的操作。

總結來説，儘管香港會計行業面臨種種的挑戰，但我認為無論是執業會計師或是在商業機構任職的會計師，絕大部分依然謹守專業為香港市場服務。

學習迎挑戰

鍾永賢
德勤・關黃陳方會計師行首席執行官兼
德勤中國全國審計及鑑證主管合夥人

經常聽到人們說，有商業的地方就有會計行業，亦正因這個理由，我今年入行已有30年了。回顧這些年來，社會不斷在改變，以香港而論，由早年的輕工業到70年代的製衣業，至80年代的電子業，及後中國的改革開放，大量吸引外資，港商回歸內地建廠生產。這些年頭，香港本着開放型經濟及強大的資本市場，成為很多企業在發展過程中，吸納大量資金的基地，因此大型會計師行的IPO業務就成為他們增長的動力。同時間，中國的開放，亦慢慢驅使國企改革來港上市，成為第一批H股，這也是第一次由香港會計師帶領中國國企跑上世界舞台。

中國因素仍足以驅動會計業增長

90年代初，大量的「窗口」公司，俗稱紅籌股也來港上市，這些「窗口」公司背後通常都是中國各地省政府或市政府把當地出名的企業併合來港上市集資，再作本地的發展。當中企業規模之大，可說是香港會計師從來未碰上的，巨型的如港口建設及營運、航空業、油田開發及配送、城市基礎建設、公路開發、礦務及農林畜牧等等。如果當天的會計師對此卻步，今天或許我們已不再是全世界集資最強的市場。

經過過往二三十年的經濟發展，香港和中國內地的發展已經是不可分割。有些人說中國已大不如前，她的經濟正在放緩，但是大家也不能否認她仍然是 GDP 增長最高的國家，全世界的企業仍然是向中國發展，向中國走。雖然超大型的上市項目好像少了，但中國正在進行產業重整，把一些上下游的大型企業重組，變成更巨大的企業向外收購合併，目的是走向世界，成為世界龍頭企業。由早年的聯想收購 IBM 電腦業務，到吉利汽車收購富豪汽車，萬州收購 Smithfield 成為全世界最大的豬肉供應商及近日的海航集團積極收購海外產業。以上足以證明會計行業並沒有收縮，但是以不同方式體現。如果我們還是停留在香港本土的發展，當然好像沒甚麼可做，但身為中國人，放眼中國，把握香港人對國際視野的認知及 IFRS 的技能，必能打開新的一頁。

資訊科技將改變會計業生態

世界不停地改變，就正因這種改變帶來的危機便相應帶來商機，自從 Enron 事件，監管機構就對會計行業大大加強監管力度，由美國開始的 SOX 審計至 PCAOB 成立後不斷的加強要求，可說是大大改變了會計行業的營運模式。有一段日子，80、90 年代的審計是很依賴「substantive tests」，以資產負債表當日的確認及客觀證明來完成審計。今天回應監管的要求及商業模型的規模化，審計必須依賴內控管理，從而會計師又再一次從新學習，成為內控管理專家，不但完成審計，從中又開發了內控諮詢的業務。

監管令成本上升是無可逃避的，但這不代表末路窮途，反而大家會在成本控制上做得更好。就如一些跨國大型企業，在過去十多年都紛紛成立後勤服務中心，把後勤工作送到服務中心執行。現在會計界的四大所都已分別成立自己的區域後勤中心，以降低成本。在審計過程中，放進大量大數據分析及電子化的流程，從而降低成本，亦同時帶來一些以往未能做到的業務分拆，這些副產品有些時候還能賣得更高利錢，因為它有可能解決了一些高管的問題。

在中國做生意的特色是商人都喜歡討價還價，但是遇上一些獨一無二的產品或服務，他們還是願意付上較高的服務費。因此，要在這種營商環境下生存，就要懂得把自己的服務提升增值，從而令對方不得不向你採購。說是容易，但實際在會計行業中如何突破？最簡單的就是在稅務服務上提供更好的轉移訂價的服務，又如在會計處理上，以雲端提供會計分析及數據處理服務。所以無論是大所或是中型所，如果沒有創新或居安思危的心態去管理業務，又怎可能在今天這麼複雜的商業社會中生存？

人類的進步，人工智慧（Artificial Intelligence〔AI〕）及"Blockchain"帶來的改變，可能會導致會計行業不再需要這麼多的專業人士，取而代之是智能機械人（Robotics）。這已經不是科幻小說中的故事。今天，大型會計師事務所已應用大數據分析去進行審計，使用人工智慧程式去審閱合同，從中測試會計處理是否符合會計準則的要求。

新一代會計師需不斷學習

新一代的會計師，對於電腦科技的認知是不能缺少的，所以我鼓勵大家多學習一些IT（Information Technology）資訊科技課程去裝備自己成為未來的行業領導者。每一代培育出來的年青會計師，一般都會認為上一代的工作太不像樣，從方法及效率上均可以新的一套去完成，無須花這麼多時間去研究分析。破舊立新是人類進步的本性。

香港由一個小漁港，發展成為一個國際金融中心，會計從業員由集中在香港工作，慢慢隨着企業北移及中國改革開放，成為經常往返內地的專業人士之一。這種改變，把城市人的心態慢慢變成一種跨境工作人士的心態，及培養出一種擁有大國情懷的專業人士。針對世界性企業全球化的趨勢，中國對「一帶一路」的推動，會計專業人士不能只為一個城市服務，他要走出世界，接受不同文化的衝擊，成為地球村的一份子。

以上分享說明每次經營環境的改變帶來的挑戰，總是有危必有機，解決方案是不會在書本中或課堂上找到的。但解決方案背後是有一個共通點，就是一顆不斷學習、不斷改進的心。不要停留在今天的現況就滿足，要勉勵自己向前行。年青的會計師們，我等着和你們一起走這每天都能帶來成功感及歡愉的旅程。

危機意識，提升競爭力

梁國基
安永大中華區風險管理主管合夥人

香港城市大學一項會計專業從業員的研究結果顯示，受訪者對會計業的整體行業平均評分為 5.9 分（10 分為最高分），處於中等水平；而對於該行業的未來發展，平均評分為 5.75 分。可以說，結果是在我預期之內，但預期之內並不等於合理。我認為會計是一門對社會有貢獻的專業，業界中人應該對投身這個行業感到自豪，亦應該對這個行業的發展充滿信心，評分因此起碼應介乎 7 分至 8 分之間。為甚麼研究結果出現了這種落差？我認為原因之一是香港會計師的競爭優勢正在減縮，導致整個行業的從業員平均收入以及社會地位在一段長時間內未能得以顯著提升。

香港會計業競爭優勢在減縮

在海外工作了大約十年之後，我在 90 年代中期回流香港加入四大會計師事務所，大多數時間都是服務內地的公司，在 2000 年初以來更有多年的時間常駐內地。我當時選擇返回內地工作是因為看到香港已是一個相當成熟的市場，發展速度減慢，相反內地是一個新興的地方，機會更多。當時我們這批來自香港的會計師很受內地監管機構以及企業管理層歡迎，他們都視我們為專家。內地 1994 年開始推進國企改革，把一批國企來港上市以吸引國際資本，但那時內地並沒有完善的相關專業準則和實務經驗，於是便需要我們這批來自香港的專業人士提供協助。類似情況不單是會計行業，其他專業服務行業，甚至是工廠、酒店的管理層，當時都會看見不少香港人的影子。

過去二三十年，香港人善用內地改革開放所帶來的機會，但隨着內地專業人材的不斷成長茁壯，香港的優勢正在逐漸減縮。以往香港會計師若願意到內地工作往往較容易獲得晉升至高級經理或甚至是合夥人的職位，但隨着這二三十年來內地會計行業本地化進程不斷深入，內地能夠提供給香港人的工作機會已愈來愈少。香港在 80 和 90 年代也曾出現本地化現象，企業高層職位由外國人轉移至香港人，而內地近年的情況就是香港人逐漸被內地人取代。會計師事務所（主要是四大）在內地推進本地化有幾個重要原因：

- 內地市場龐大，香港人手有限，訓練當地人是必須；再者，聘用香港人回內地工作需付出較高薪酬，例如租屋津貼，所以聘用香港人的成本會較當地人高。

- 如果香港人仍然擁有競爭優勢的話，薪酬較高是可以接受的，但事實卻是內地人的質素不斷提升，他們熟識內地市場以及擁有較好的內地人際網絡，書寫中文的能力較佳、普通話的使用能力較強，還擁有中國會計師執業資格。

- 內地監管當局的要求。2012年5月2日，財政部連同商務部、工商總局、外管局發佈了《中外合作會計師事務所本土化轉制方案》，規定在五年內，即到2017年底，「四大」合夥人中的中國註冊會計師的比例不低於80%，而四大的首席合夥人必須為中國註冊會計師。需要留意的是，具備中國會計師資格的合夥人比例升至八成，這不代表香港人一定可以獨佔餘下的兩成，因為這兩成的合夥人來自什麼地方是沒有規定的，可以包括外籍人士，如美國人及英國人等。

從整個制度的大環境來看，在內地掛牌的A股企業都是採用中國審計準則的，沒有中國會計師資格的香港人不能簽發A股企業的審計報告。而選擇不在內地掛牌的內地公司除了香港之外，還可以選擇到美國等地方上市，美國方面已不再要求內地公司一定要使用香港會計師出具的審計報告，內地會計師事務所出具的審計報告同樣被接受。而部分在港上市的內地H股企業也可以使用按中國審計準則出具的審計報告（編者按：2010年12月港交所公佈由15日開始，在本港上市的內地註冊H股公司，可以選擇採用內地會計及審計準則，以及聘用內地會計師行進行審計工作。直至2015年，兩成H股公司選擇只採用內地準則。），我估計這趨勢會持續下去。與十多二十年前相比，香港會計師現時的內地工作相對較少，而且可能愈來愈少。除了常駐內地發展的機會減少之外，在香港的會計師短期跨境到內地工作的機會也隨着內地會計業的成熟而逐漸減少。

香港會計業需具危機意識

香港專業界若想繼續在內地快速發展的經濟中分一杯羹，或是在香港維持相對的競爭力，以會計專業來說，就必須要找出我們還有些甚麼優勢。現時香港培訓出來的會計師在作出專業判斷和決策的時候還是比內地同業較為精細，但是任何機構內部都不會有一個叫「判斷者」的職位，所以還是靠個人在日常工作中去突出自己的優勢。我的看法是不能夠再只集中做財務報表審計的工作，要大力發展商業諮詢、稅務諮詢、收購合併等相關業務。內地當然也有這方面的人才，但相對於傳統的審計業務，這些相關業務的人材在內地還是缺乏。我們要時常問自己怎樣去區別香港與內地的不同之處，當內地同業在審計技能方面愈追愈近，發展他們還不是太熟識、更依重「評估、決策」的非審計業務將是一條可行之路，但我們要考慮的是：

- 香港年輕的會計師，有沒有受過這種訓練？我們的會計教育、以至我們的香港會計專業考試，有沒有涵蓋與這些方面較為有關的商業知識？（舉一個例

子，中國會計師專業考試從2009年起已經包括一門《公司戰略與風險管理》）

- 在香港做了幾年審計工作打好專業會計的基本功、拿取了執業會計師牌照後，會計師事務所有沒有途徑（足夠的工作量）協助從業員們轉型？在轉型過程中又有沒有足夠的在職培訓及輔導？

坦白說，要為香港同事鋪好不同的職業走向，大型會計師事務所是相對較容易的，因為這些「大所」的業務種類較多，也有專人去輔導調往不同部門的同事。其實「業務多元化」正是大型會計師事務所在近年來所採取的一貫策畧。但要指出的是，即使是大型會計師事務所，一旦踏出了審計的工作範疇，他們在其他專業服務領域還是需要與其他非會計行業的諮詢公司競爭的。更要注意的是，不管是審計或是諮詢業務，內地同業們還是會追上來的，這看來只是一個遲早的問題。除非香港會計師們有所警覺，自發地加一把力，否則就正如龜兔賽跑，沒有危機感的兔子最終會被龜跑過頭。

面對這種變化，香港同業的危機意識或許有待提高。就以考取內地執業的中國註冊會計師資格為例，內地開放會計師資格考試大約二十多年，在這期間有很多香港會計師在內地工作，然而香港累計仍只有數百人取得此資格，當中還有一些現在已退休或已經不在審計行業工作的。同業中很多人都會用工作忙、考試用簡體字書寫很困難等籍口來推卻，但我認為這些都是能夠克服的。我在內地工作之初就是用了三年時間在工餘自修，按部就班地把所有試卷逐一考完，拿到中國註冊會計師資格。我認為當一個專業人士決定要到另一個地方發展，考取當地的執業資格是最起碼的裝備。

依靠專業及制度優勢提升實力

我認同城大的研究所指，香港會計師的另一優勢很可能就是專業操守以及社會體制。香港沒有任何天然資源，但金融業之所以強於鄰近地區，關鍵在於香港擁有國際商業社會熟悉而且信任的法律體系、自由流通的貨幣以及實時開放的資訊，這些都是我們要珍視的優勢。香港人擁有靈活的腦筋，但同時我們對制度法規也有一種不肯妥協的執着，城大研究指出大多數受訪者既認為監管會令營運成本上升，但同時亦支持會計師公會緊貼國際專業準則的改變，就是一個最好的例證。然而，隨着鄰近地區近年來的急促發展，香港在前述領域的優勢逐漸減縮。我們不能只是「吃老本」，香港人必須思考如何進一步發展，例如壯大離岸人民幣中心功能、落實債券通、吸引更多跨國海外企業來港上市或設立地區總部，以及充分把握「一帶一路」政策帶來的各種機遇等，這些都是會為香港會計行業以及其他行業提供更多的發展機會。

需知道會計業在社會經濟環節中是扮演服務提供者的角色，除了走出香港尋找商機之外，我們更要把不同的外地企業/項目吸引來香港，香港會計業才可以有機會提供更專業、更多元化的服務，在壯大自己的業務的同時，協助這批企業發展，達致雙贏的局面。事實上，過去二三十年內地國企來港上市，香港會計業生意多了，內地企業的管治水平也不斷提升。我對「積極不干預政策」是有懷疑的，這政策在70至90年代之所以成功，主因是鄰近地區尚處於發展階段，但現在情況已經完全不同了。很多機會是要由政府為行業去爭取和推動的。政府同時也要積極提供必須的配套政策和設施。就拿設立國際仲裁中心做例子，如果香港特區政府不牽頭去做的話，即使香港的相關業界傾盡全力，亦不一定可以擊倒有當地政府支持的同業，例如新加坡或其他鄰近地區的同業。

推動香港會計業向前發展，核心離不開吸引及培養更多人才，因為一個專業界別的質素其實就是由其眾多從業員的個人質素相加起來的總和。如何吸引人才？我認為有兩方面值得探討。第一，如何提高會計系學生以及從業員對會計行業的興趣。拿我本人來說，因為我喜歡我的工作，因此我會百分百投入，而且經常會和別人分享會計業的樂趣，但現在的問題是似乎業內不少人都把會計業形容得很負面，充斥着長工時、工作枯燥、高流失率、薪金停滯不前等等的評論。我們這群身處業界管理層的需要檢討如何積極地帶出行業的正面信息。經常提出負面批評的人士，其出發點可能是為業界爭取更好的待遇。這用意本來是好的，但他們也應該留意到太多負面的信息可以令到行業失去對人才的吸引力。若然行業轉趨弱勢，其從業員的待遇更難改善。第二，除了提升對會計行業的興趣外，比較現實的就是如何提升整個行業的平均薪酬。以購買力來計算的話，我認同目前會計從業員的收入是比不上前輩們的，主要原因是香港以及香港會計師競爭力下降的後遺症，要解決這個問題，就端賴我們是否意識到危機以及着力提升競爭力。

第三章 中小型會計師事務所的挑戰及出路

轉型分享

郭碧蓮
劉繼興會計師事務所高級合夥人

正如香港城市大學研究團隊的研究結果所反映，香港中小型會計師事務所普遍面對的經營壓力主要來自以下幾方面：租金成本上漲、會計監管準則日益嚴格、人手流動率高以及商業環境改變。香港中小型會計師事務所的規模都比較小，對於能否應付以上種種挑戰，很多時候都視乎事務所和各合夥人有沒有時刻裝備自己，並適時作出判斷。

成本與人事管理 只能盡力而為

就我服務的會計師事務所而言，租金開支、僱員薪金福利以及其他固定開支（文儀用品、「燈油火臘」等），各自佔總成本大約三分之一至一半。面對經營成本上漲，中小所能做的事著實不多。我們主要從採購處著眼節省，例如在傢俱裝修、添置文儀器材的時候，盡量多比較幾家供應商的價錢，以選購性能比較高的產品。

人事管理方面，公司的職員數目較為浮動。由於旺季和淡季的工作量落差大，因此在僱員編制中，約一半為固定全職員工，主要負責核心的審計工作，另一半則是以各合作院校提供的實習會計學系學生，以兼職或自僱形式受聘提供服務，主要做一些比較簡單的工作。

公司人手流失，離不開以下幾個原因。第一，他們根本不了解這個行業的工作性質和要求，加入公司後才覺得會計行業沉悶乏味，而且嫌工時太長。第二，完成會計師執業考試後，很多年輕人都想嘗試「轉行」。第三，曾經有前職員表示，上班地點離家太遠，上班花在交通工具的時間太長。猶幸這兩年我們公司的流失率還算穩定，當下要留住員工，單靠加薪已經不成了（現實是，不僅中小所，即使中大型所的加薪能力也有限，十多年來，會計行業的入職起薪點基本上沒有變動過），資方也要想方法與員工增加聯誼，例如我們會舉辦燒烤聚會、吃自助餐、以及提供多元化的零食奶茶咖啡等。

當然，有一些年輕同事會抱怨升職加薪的速度太慢，但坦白說，年輕的同事能否「上位」，其實視乎個人才能，加上我們公司沒有固定的升遷機制，主要還是看個別員工的積極性及其辦事能力。過去也有一些員工表明不願意升做合夥人，因為升任合夥人後，承受的壓力會大增，對於交際技巧的要求也會相應提高。

開拓與保留客戶　視乎努力付出

至於公司客戶的比例，香港與內地大約是三分之二與三分之一之比，主要都是中小型企業。早在

1997 年，我已觀察到大陸市場有龐大的發展空間，但在「人生路不熟」的情況下，只能靠自己建立人事聯繫。於是，我修讀了一年由廣州中山大學舉辦，專為應考中國註冊會計師而設的課程，藉此結交新朋友，一方面擴闊自己的圈子，另一方面也可從中發掘一些合作的機會，例如客戶想到內地做生意，我可以向他們請教；而他們來香港做投資，也可反過來找我提供協助。到了今天，我仍經常與這些當年結識下來的朋友聚會。

透過與內地夥伴的合作，我在深圳及廣州分別設立了提供諮詢管理服務的辦公室，開展商業諮詢管理服務以及審計等方面的業務。在香港，我也創立了一個中外企業促進聯會，主力舉辦一些創業比賽、論壇及講座，為中港兩地的公司及從業員製造多些交流機會，認識新朋友及潛在的合作對手。中外企業促進聯會也有和中山大學合作，讓他們的學生免費參加我們舉辦的考察活動和講座。此外，我們也正積極地透過現有會員引薦來自其他國家的客戶入會。

我認為，現在進入中國市場比以往更加容易，原因是內地增加其開放程度，香港人可以參與的事務更多。不過，要進入中國市場，必須先尊重人家的遊戲規則，也就是說，如果你想做大陸的專業會計業務，就應該下定決心，考取中國的註冊會計師牌照（而我在2000年已經成為CICPA）。此外，你也應該要花點心思去建立個人的聯繫，對於這點，困難與否，視乎你個人是否願意付出。

在香港要找新的生意愈來愈困難，一是因為經濟發展已經飽和，新增的公司數目不多；二是會計師人數增加，大家之間的互相競爭（尤其是價格）比以前更加激烈；三是因為不少業務的經營模式改變，例如網上零售的生意，很多都是個體戶，根本不用核數。在我現在擁有的香港客戶當中，老主顧佔了不少。依我看，在經歷過沙士和金融海嘯後，如果這個客戶仍未離你而去，就一定是好客戶，因為在經濟差的時候，會計師事務所之間是真的「打崩頭」── 當年曾經有個客戶，拿着其他事務所的傳單和我議價。

要留住客戶，已不能單靠割價。我把客戶分作兩類：第一類客戶，本身業務經營狀況已相當緊絀。這些客戶必定把價錢視為最主要的考慮因素，但即使如此，我們也可以嘗試多與他們溝通，看看有沒有甚麼可以幫忙。第二類客戶則相對較重視服務質素。面對這些客人，你要想辦法令他們感受到更貼心的服務安排，例如面對一些年紀較大的客戶時，我們可以多關心他們的近況，了解他們有沒有做好傳承的安排、有沒有訂立生前遺囑、公司賣盤或樓宇轉名等需要，提供更適合客戶狀況的專業意見。總的來說，只要我們帶着真正關懷的心去替客戶想事情，他們一定會感受到，也就不會因為某些行家割價搶客而離你而去。

事務所轉型關鍵還看合夥人意願

在很多年前，我已經察覺會計師事務所單做審計業務並不足以應付日益嚴峻的同行競爭。經過多年嘗試，我們除了做傳統的審計、稅務及商業諮詢和公司秘書服務外，也會提供較個人化的管理諮詢業務，例如幫助客人調解家庭財務糾紛，或為想移民卻不了解外地稅收法例的客戶提供有用的專業意見等。雖然從營業額來看，非傳統業務所佔的比例仍然比較小，但我相信，當中的發展空間仍然很大。

我覺得會計師事務所要成功轉型，就要向客戶提供有增值（value-added）的服務，在這之前，首先要自我增值。在 20 年前，我已經開始不斷考取各類型牌照及讀書，現在擁有的專業資格包括四國五地註冊會計師資格（香港、中國、美國、加拿大、英國）、香港註冊稅務師、香港註冊財務策劃師。除了本科社會科學學士之外，我還修讀和考取了資訊系統科學碩士、法律碩士以及金融學哲學博士。在 1997 年前的移民潮，我順勢去學中國和美加稅務同法律，為客戶籌劃移民並給予專業意見。到了 2000 年的科網熱，我報讀資訊系統科技碩士課程，並在這幾年運用我的資訊科技知識幫助一些公司客戶建立網銷平台，又協助過一些公司客戶選取軟件系統來控制成本和效率。

在轉型學習的過程中一定會遇到壓力，因為中小所人手少，應付日常工作已經相當忙碌，很難再擠出時間來琢磨如何轉型，勉強為之的話，更有可能影響到本業的發展，這也是為何業界經常談轉型但仍然效果不彰的原因。不過，我認為轉型這個趨勢終不可避免，因為隨着資訊科技發展，自動化系統普及，傳統會計業務或會步向式微。因此，我鼓勵公司內的同事多學習新的技能及吸納非傳統審計的工作，幸運的是，同事對於這些安排並不抗拒。

會計準則改變 雖嚴但需遵從

對於香港會計準則近年頗多的改動和愈發嚴格的監管，我表示贊成，因為香港要跟上國際標準才能保持國際競爭力。對於弄虛作假者，我也贊成用重罰以起阻嚇作用，不過在裁定罰則時必須小心，如果只是無意且毋損公眾利益的輕微疏忽或輕微錯誤，就應該視乎這家事務所犯相同錯誤的次數。若非常犯並且無損害公眾利益的，便應考慮先警誡及輕判。

面對會計準則的變動，公司的資深員工先了解變動內容。在這過程中，我們會參加由會計師公會主辦的相關講座和同業溝通。當這些資深員工掌握變動詳情後，就會召集事務所其他同事一起商討及訂定一些統一式樣的表格，方便工作使用。會計準則的改變固然會增加工作量，但只要細心遵從，犯大錯的機會不大。而且，公會也願意聆聽同業的意見，過嚴的地方往往都會適度修改。

面對種種經營壓力，假求於外是沒有大作用的。坊間經常談及的中小所合併，未必是減輕中小所經營壓力的好辦法，因為各事務所合夥人的風格可以南轅北轍。當一個勤勞的人遇上一個懶散的人，肯定會發生爭執。此外，還有處理如何分配利潤之類的問題。反求諸己，我認為大家應該要回歸初心，既然當初選擇投身這個行業，我們便應努力思考如何做好這個工作。就我個人而言，我喜歡我的工作，因此我自覺愈做愈起勁。

揚帆出藍海

黃華燊
華德會計師事務所合夥人
澳洲會計師公會大中華區分會副會長

我經營的是一間中小型會計師事務所，面對的困難與很多中小所一樣。第一，營運成本正在不斷上升，特別是租金壓力，每二至三年便加租一次，租金開支差不多攤佔了一成的利潤；其次是監管環境愈來愈嚴格，而且會計準則變動快，同業都要花更大的力氣去適應；第三是人手問題，我指的不是聘不到人，而是聘不到合適的人。每年各大學培訓出來的畢業生很多，他們都具備良好的會計技能，但卻在待人處世方面有一些不足，例如不夠刻苦或不懂為他人設想；最後，客戶付的審計費用正在下降，同業間競爭非常激烈。

開拓外國客源應付挑戰

針對以上種種困難，香港中小所各施各法，而我選擇的路向是積極開拓海外客源。這樣做的原因有幾個。首先，由於香港已是一個頗成熟的經濟體，因此客源很難再有大幅膨脹的空間。其次，在這種僧多粥少的情況下，作為中小所很難和大所正面競爭，因此必須突出自己不同的一面，去做一些他們不會涵蓋的地區客戶，另闢蹊徑。另外，我一向覺得不能把所有雞蛋放在同一個籃子內，雖然我的事務所在上海、廣州以及深圳也開設了分區辦事處，但眼看香港很多同業的客戶幾乎全來自香港及中國，假如中國經濟出現起伏就會很危險。最後是與我個人有關，我自少年時代起已很喜歡歐美的歌曲，也很喜歡向外闖，因此當各大會計行業組織舉辦海外活動，我都非常踴躍參與。

我剛開始接外國客戶，已經是 90 年代初的事了。那時，有些受聘於航空公司的海外僱員想在香港投資置業，於是找我提供一些會計上的專業意見，透過他們，我又認識到另一些外國朋友，並在口耳相傳下成功累積第一批海外客戶。其後，澳洲會計師公會大中華區的前會長及我的恩師岳思理先生（Doug Oxley）又為我牽線，帶我到澳洲悉尼等地方出席國際會議及認識不同的商界朋友，藉此擴大個人網絡，使我多了一批澳洲客戶。到了 2006 年，我得到一位老朋友的引薦，打開了拉美生意之門，為舊公司成立拉丁部，幫助拉美客戶到香港設立公司從而打入中國市場。經過二十多年的努力，即使已與舊東家分道揚鑣，但我新建立的會計師事務所，客源分佈也屬多元化，當中中國加香港約佔 20%、歐美約佔 40%、澳洲約佔 5%、拉美約佔 25%，另外還有一些來自其他國家的客戶，未來我還計劃開拓東南亞（當中泰國已吸納了一些客戶）以及中東市場。

中小所出藍海 應善用公會資源

我認為，如果同業也想開拓海外市場，就應該積極參與行業組織（例如香港會計師公會、澳洲會計師公會）以及商會、貿發局等公營機構的活動。中小所的資源畢竟有限，如果懂得善用這些團體已經架設好的國際網絡，就能夠到處結織不同的潛在客戶及合作夥伴。這些年來，除了上文提及的澳洲會計師公會國際會議，我也經常到西班牙出席商務會議，又曾經參加過由貿發局主辦、財政司司長帶領的招商團到訪智利及巴西，也透過香港總商會以及其他商會主辦的活動結識了拉美多國駐香港的總領事。近年，我也身體力行去回饋行業組織，有幸獲委任為香港特區政府投資推廣署的投資推廣大使、廣州市國際投資促進中心的國際顧問、香港潮州商會的會董、香港總商會的美洲委員會主席、以及澳洲會計師公會大中華區副會長。

人際網絡是會計行業很重要的資產。要把人際網絡經營好，就得靠恆心，因為人與人之間的信任關係是要花時間溝通慢慢建立起來，欲速則不達。所以我經常強調，每當你得到一位外國客戶，就必定要顯示出尊重的態度，謙卑地對待兩地文化的差異。我經常和同伴開玩笑，從前的我很少留意西班牙足球，但現在為了與客戶溝通，我已逐漸熟悉西班牙的球隊，更喜歡上吃 tapas（西班牙餐前小吃）。另外，我還聘請了一名西班牙文老師教授西班牙語，因為我相信，要建立良好的生意夥伴關係，就得去學習別人的語言、了解別人的文化，這是融入他們圈子的重要一步。只有成為他們的一份子，才能真正得到他們的尊重及信任。事實上，為了更好地服務南美洲的客戶，我所成立的拉丁部也聘用了幾位來自西語和葡語國家的同事。

開拓新市場需要勇氣及犧牲

回想當初我選擇開拓海外市場的時候，一切由零開始，同業之間並不看好。坦白說，對於香港的中小所來說，開拓海外客源的成本着實不輕，例如參加海外會議的機票、食宿花費不菲，而且當合夥人或管理人員離開香港數天，繁忙的工作也不容易找到其他人接手。因此，我認同在進軍海外之前，中小所還得先鞏固一批穩定的本地客源，並且要找到數位能夠放心交下工作的夥伴。但說到底，踏出第一步是需要勇氣的。猶記得當年我做拉美客戶的時候，他們想來香港開設銀行戶口，結果困難重重，原因是香港的銀行對拉美國家認識不深，深怕這些客戶的賬戶會違反某些監管規定，因此稍有問題便會把我們拒諸門外。但為了拓展這個市場，我一邊找方法跟拉美國家駐香港的領事館聯繫，一邊試着跟不同的商會接洽，甚至自行舉辦座談會，讓各界認識拉美市場及提高他們對拉美國家的信心，同時也幫助了公司在拉美市場中奠定穩固根基。

有些同業很少參加商界和業界的活動，認為和自己關係不大，這其實會令自己的圈子愈收愈窄，而我們應該要把目光放遠一點。最近熱議的「一帶一路」，很多同業一聽便覺得這題目太大、無事可做，但我反而在想，這是不是一個新的商機呢？無論做任何生意，市場推廣以及綽頭都非常重要。在「一帶一路」的號召下，肯定會多了內地的企業走出去海外投資，同時很多海外企業也會想趁機到中國或沿線國家找尋一些新的項目。事實上，我去年就到了澳洲擔任演講嘉賓，以「一帶一路」為主題進行闡述。由於「一帶一路」以基建為主，有一些從事建造業生意的澳洲朋友對此特別有興趣，我也因而成功招攬了三個新的潛在客戶。此外，我的一些印度客戶也主動提及海上絲綢經濟帶的一些點，對其會否設在印度沿岸、有甚麼機會可以把握顯得興致盎然。因此，我們不應該太快斷定一件事能夠做到或做不到，反而應該盡力嘗試，失敗了再找出原因加以改善。做任何事都要有先行者（First Mover），「一帶一路」也是如此。當初我去西班牙、拉丁美洲，大家都會說這些地方「山卡拉」，結果還是找到生意。所以只要肯去嘗試，就會有機會。

強化香港地區樞紐角色 還靠業界自強

城大的研究指出，現在很多同業都在抱怨成本上升、生意機會減少、內部管理困難，年輕人也在投訴向上流動的機會少、薪金停滯不前之餘，又擔心IT（Information Technology）化會取代人手。凡此種種擔憂都確實存在，不過我想強調的是，背靠中國、面向世界的香港依然商機處處，只要能夠強化香港作為一個地區樞紐的角色，並依托我們的專業道德水平、法治基礎、16.5% 的低稅率及簡單稅制、城市建設、貨幣自由流動以及人才儲備，我們的前景依然是亮麗的。我有兩本書想推介給各位，一本是《藍海策略》（*Blue Ocean Strategy*），另一本是《世界是平的》（*The World is Flat*）。這兩本書都是講在全球一體化下，企業應該如何去發掘一些未被開發的領域。

我相信，要做大香港會計業這個餅，除了聚焦於中國以及香港這兩個關鍵市場外，把目光投向海外同樣重要，把工作機會帶回香港，才能創造更多就業機會予香港年輕人。雖然我的想法尚未在同業間成為主流，但我相信自己已做好本份，亦希望同業、行業組織以及政府多從這方面思考，為會計業開拓更多機會。信念（Faith）、服務（Service）以及社群（Community）是我工作幾十年來所堅信的三個原則，這三個原則讓我不向失敗低頭，也學會在成功面前謙虛，並時刻謹記服務社會、愛家人和朋友。

第四章 商業會計師的發展路徑

會計師的抉擇

黃劍文
港燈電力投資財務總監

執業或非執業會計師是兩個不一樣的職業生涯，雖然兩者都具有會計師資格，並使用同樣的國際會計準則，然而工作性質卻有所不同。執業會計師在事務所的工作主要是為客戶提供審計、稅務或其他專業服務；而非執業會計師任職商業或其他機構時，除了要記帳和編製財務報表外，同時也是管理團隊的一份子，需要運用專業知識和經驗為公司拓展業務，為股東創造最佳利益。簡言之，是要和管理團隊一起「落手落腳」經營生意，而不是像執業會計師般，審核別人經營的成果。

興趣驅使投入商業機構

事實上，我當年的同學大部分均選擇進入會計師事務所工作，主要原因是會計師事務所提供一個較佳的環境考取會計師資格，包括提供溫習或考試假期，並有一群志同道合的同事在溫習考試過程中互相鞭策和鼓勵。

基於我喜歡成為一個可以掌舵的企業家，不希望只坐在汽車後座看着別人駕駛，因此在中文大學畢業之前，我已經決定將來會進入商業機構工作。當然，在作出抉擇前我也經過不少考慮。首先，香港並沒有很多這種提供完善商業訓練的職位。記得在我畢業那年，只有二三間商業機構願意聘請會計系的新畢業生。再者，商業機構與會計師事務所不同，通常不會提供措施來輔助員工考取會計師資格，例如培訓課程、考試甚至學習假期皆一律欠奉。公司願意讓你在考試期間申請年假，已算是最好的安排。

縱使如此，畢業後的我還是進入了一間跨國公司當財務管理實習生，從事財務規劃與分析的工作。事實上，許多跨國公司的財務總監（CFO）都是從實習生這個職級開始，憑着它們引以為傲的在職訓練，特別是高級管理人員對下屬的耳提面命，多年來栽培出一代又一代傑出的 CFO，其中許多人更成為公司的行政總裁和主席。由於當時的會計師資格考試比較著重技術培訓，不重視培養商業知識和判斷，跨國公司一般對員工考取會計師資格有很大保留。當年我的上司甚至明言不鼓勵我參加考試。

多年來，此等狀況並沒有多大變化，能夠提供實習生培訓的企業數目依然很少，競爭也很大。同時，多年以來香港已發展成為世界重要的金融中心，各大會計師事務所在過去發展蓬勃，每年可提供數以百計的職位予新畢業生。加入這些事務所，既可得到專業培訓，薪金和職位晉升也有保障。而且一如以往，各大會計師事務所均願意提供協助，讓你盡快考取會計師資格，因此估計每年有七成以上的畢業生選擇加入會計師事務所，開始自己的會計事業。

表十、各職級人員薪金對比（萬港元／月）

	高級審計員／副經理	經理	高級經理	董事／合夥人
會計師事務所	3.6–4.8	5.0–7.0	7.2–8.5	8.5–10
企業內部審計	2.0–4.5	5.0–8.0	8.0–12	13–21
企業策劃及分析	3.5–4.5	5.0–7.2	7.5–10.5	10.5–16
企業財務	5.0–8.0	8.5–12	12–16	17–27

（資料來源：Hudson）

會計師事務所對員工的技術技能有相當高的要求，壓力也很大，但同時也願意因應員工表現調升薪金。根據坊間的調查，一個新畢業生只要表現良好，五年左右就可能晉升至經理，月薪達五萬元（請參看表十）。

如果想考取會計師資格，剛開始在商業機構內工作所得到的支援肯定比不上會計師事務所，但世上無難事，而且在商業機構中也能夠學習到一些不同的東西。一般來說，如果能為企業作出貢獻，也會有不錯的加薪及晉升機會，不比會計師事務所遜色。至於前景，則視乎個人興趣，有不少人會由會計專業轉入業務及管理人員，成就不可估量。

如何由執業轉為非執業會計師

如果選擇在會計師事務所工作，就必須專注提升技術層面的能力，理解會計原則、審計標準、上市規則等。換言之，執業會計師必須是一個能夠提供準確專業服務的專家，並願意投入時間，耐心地向客戶提供建議。由於國際會計準則與時並進，執業會計師必須熱愛會計這門專業並願意持續進修，改進技能。除此之外，當面對客戶不接納自己專業建議的挫折，會計師需要有頗高的情緒智商（Emotional Quotient〔EQ〕）才可應付。

當然，今日會計師事務所的工作範圍，已不限於審計和稅務。不少事務所現已從事各類型的諮詢工作，其中包括法證會計、資訊科技、合規、風險管理和估值等。現今的執業會計師比從前擁有更多發展機會。

由於會計師事務所和商業機構對新入職同事的培訓和發展有所不同，如果在會計師事務所工作多年後希望轉換工作環境，投身商業及其他機構從事非執業會計師的工作，就必須有所準備。

轉換工作，首先要準備面對人事及工作環境的改變。由於商業機構要面對多變的市場環境，工作步伐會更急速，性質也更多元化。對一些人來說，最困難的便是適應從執業到非執業會計師的身份轉變。因為在商業機構工作的關係，心態上必須調較至一個業務經理的思考模式，同時願意花時間了解公司的業務，明白行業營運模式和如何拓展生意，並在適當時間勇於進言，替公司出謀獻策。在順境時，提醒同事不要太急進；在逆境時，適度節流，同時投資未來，開拓商機。

我曾問過一些從會計師事務所轉出來加入商界的年輕人，是否願意由替公司記帳的角色轉換為幫公司解決業務問題，因為假如只願意做記帳工作，便和公司的期望有很大落差。

同時，非執業會計師亦是公司管理團隊內的重要一員。在團隊中，有工程師、市場營銷人員、生產工人等，和會計師事務所內「清一色」同聲同氣的會計師有所不同，因此必須建立足夠的溝通能力和人際關係技巧，學會如何與不同階層、教育和專業背景的人在工作中緊密合作，聆聽不同意見和在談判中適度妥協。

針對以上問題，香港會計師公會在聽取年青會員的意見後，設計了一個新的課程——名為「Financial Controllership Programme」，希望可以幫助執業會計師更順利地轉型。課程內容包括如何管理好各級員工、認識最新的管治模式、在不同機構內做好風險和危機管理、認識各類融資方法和渠道、如何管理日常資金等。這個課程在 2016 年首次推出，反應良好。

從前的非執業會計師一般只會在商業或其他機構內從事財務、會計或稅務類的工作，但今日的非執業會計師有更多選擇。據我估計，目前有近一半的非執業會計師正在各種機構中擔任不同類型的職務，例如內控和內審、風險管理、合規等，更有不少人從事如投資金融和銀行、商業諮詢、管理行政人員、規劃分析等工作。會計行業的機遇比從前大得多。

路徑選擇　還看個人因素

我想在此鼓勵畢業生們按照自己的能力和興趣找出發展方向。更重要的是，必須時刻保持一股激情，並適時地檢視和調整你的職業生涯規劃。我建議大家每年做一次強弱危機分析（SWOT Analysis–Strengths, Weaknesses, Opportunities, Threats），看看你目前所處的位置，以及思考如何前進。

從執業會計師到商業會計師的轉變與挑戰

黎惠芝
資深商業會計師
審查公司財務總監

每位大學生到了修業的最後一年，除了要應付畢業論文和終期考試以外，還要開始考慮畢業後的出路。和其他學系相比，會計學系的求職活動較早，通常在最後一個學年的九月份就開始。除了各大會計師樓的招聘活動，很多比較大型的跨國企業、上市公司、銀行等，都會到校園舉辦經理培訓計劃（Management Trainee Program）招聘講座。對我來説，這些都已經是十多年前的事了。當時還是大學三年制，「五大」（Big Five）會計師樓的年代。

擇業考量

對於自己的就業方向，當年考慮的因素主要有三個：

- 自己的興趣。我在大學二年級的時候就開始接觸審計、税務、商業法等比較專門的科目。大概因為出身於文科的關係，和數字相比之下，我更加熱衷於研讀文字類資料，對税務、法律這類科目產生濃厚興趣。故此，在參加五大的招聘講座時，我的目標就順理成章地放在税務部門。
- 專業考試的支援。作為會計學系的學生，我的第一個目標就是取得專業會計師資格，而眾所周知，

「五大」在專業考試培訓投放大量資源，這些福利對我來說無疑是十分吸引的。

- 工作的性質。大學二年級的暑假，我曾經在一間本地小型會計師事務所當實習生，當時的工作包括簿記（book-keeping）、審計、稅務等。在日常工作中，我有機會接觸來自不同行業的客戶，獲益良多。那次豐富的暑期實習體驗，令我更加嚮往「五大」多姿多彩的工作。

一路都在學習

基於以上原因，我在大學畢業後便加入了安達信（Arthur Andersen & Co）的稅務部，處理香港、中國和美國等地公司的稅務事項。作為新晉員工，剛開始的六個月，每一天都是在學習，包括主管在工作上的指導、各式各樣的稅務課程，還有專業考試的準備課程，每天的活動都有既定的規劃。當時，我覺得這好像是大學生活的延續，每天都過得很充實，加上又有一羣同期入職的同事，即使工作時間長也不以為苦。後來經歷了「安然」（Enron）事件，大中華地區的安達信業務被併入羅兵咸（PricewaterhouseCoopers），「五大」變成「四大」，我也因此成為羅兵咸的一員，加入了公司旗下的香港利得稅部門。

很快的過了三年，當時我已經晉升為高級稅務諮詢員，亦一早完成專業考試。我的部門的處理事項都局限於香港利得稅，和最初大學畢業後的第一年比較，工作範圍稍嫌狹窄，個人發展或已達樽頸狀態。就在此時，我很幸運地透過大學教授介紹，得到香港機場管理局（機管局）財務部分析員（Financial Analyst）的面試機會並獲得聘用，便趁着這個機會離開熟悉的環境，踏入商界（Commercial sector）這個新領域。我在機管局主要負責財務預算（Planning & Budgeting）和營運業績的分析。和以前稅務諮詢比較，除了工作性質不同，工作環境也有很大差異：

- 在職培訓方面，我需要自發地找尋充實自己的途徑。「四大」通常都會根據員工的職級和所屬部門等考慮安排整個培訓計劃，員工只需要按時出席。機管局固然沒有這種制度，充其量只會資助員工參加公司以外的課程。當時的我比較側重上級主管的指導，有一些師傅帶徒弟的色彩。在商業機構內，我認為主動找主管商討工作上的疑問以及尋求支援是相當重要的。當時與我共事的主管，除了教授工作上的知識外，更多的是與我分享自身經歷、職場心得這些多年工作累積下來的寶貴經驗。對於只擁有三年在「四大」工作經驗的我來說，有莫大的裨益。

- 在時間管理方面，於「四大」任職時，我可以根據年度報稅的時間表、工作的費用預算，去衡量每一件工作的先後次序，以及所需時間。每星期的工時表（timesheet）亦提供了另一種量化的指標去考核自己的工作效率。剛轉到機管局的時候，我經常有種無法掌握工作時間的感覺。因為沒有填工時表的壓力，我曾經投放過多的時間在一兩件工作上。而且，機管局財務部每天都會有大大小小的突發事情等待處理，這種情況在「四大」時是沒有的。為了提高效率，我採用在「四大」的手法，衡量事件的緩急輕重，好好策劃每一天的工時表。

- 在「四大」的時候，我每天大部分的時間都在和客戶溝通，這些經驗在我任職機管局時起了很大作用。除了應客之道，更多的是學懂怎樣用最短時間和不同的人建立關係，奠定以後良好的工作和溝通基礎。

總括來說，我在會計師樓稅務部的工作令我掌握時間管理和建立客戶關係等良好技巧，在我加入機管局財務部的初期起了很大作用。另外，從機管局的主管身上，我也第一次學習到如何做好團隊管理、溝通、以及建立形象的工作。這些軟實力（soft skills）在我晉升主管後充分發揮作用，在面對新挑戰時更加得心應手。

及後，我先後任職於安永（Ernst & Young）亞太區財務部、巴斯夫（BASF）、Red Flag Group 等跨國企業。縱使我的職務都是圍繞財務預算和分析，但透過公司業務、文化、架構的變換以及和不同人之間的互動，可供學習的新事物源源不絕。在商界不斷累積的知識，和我當初在會計師樓學到的技能其實是相輔相承，直到現在我還常常以兩者互為引鑑。

在大學同學的朋友圈子中，我算是第一個離開「四大」前線崗位轉到商界財務部後勤位置工作的。一路走來，我慶幸當日做了走出「舒適圈」（comfort zone）的決定，早日為自己開闢了另一條事業道路。不論投身「四大」或者商界，這當中沒有對或錯、好與壞之分。「四大」的晉升機會比商界多，道路比較清晰，但工作時間長也是眾所周知。不論選擇哪一個方向，最重要是和自己的興趣和價值觀一致。建立自己的情緒智商，抱持積極和正面的態度，亦有助面對事業上的壓力和難關。此外，畢竟大部分工作時間都涉及人與人之間的互動，故此除了工作上的實戰技巧，社交、溝通、團隊建立等軟實力都是不可忽略的。

第五章
年輕會計師的挑戰

向上流動的基礎

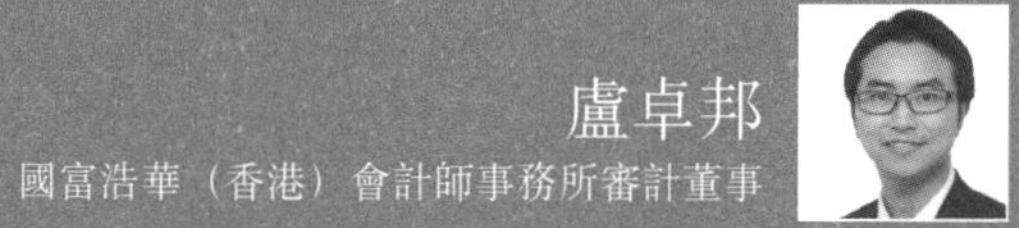

盧卓邦
國富浩華（香港）會計師事務所審計董事

我是盧卓邦，一名土生土長的80後香港人，於香港城市大學金融工程系畢業，現為國富浩華（香港）會計師事務所有限公司審計董事，以及香港會計師公會理事，是一名喜歡與人交流，以正面心態對待任何事情的「好友」。

我與時下的很多年青人一樣，年少時喜歡與朋輩友儕玩樂打遊戲機，對讀書沒有很大興趣，通常只會在考試前夕才「臨急抱佛腳」，所以中學成績不理想，會考分數僅足夠升讀中六，高級程度會考也考了兩次才成功進入城市大學攻讀金融工程系。幸好大學的教學模式比較互動和適合自己，使我對金融產生興趣，但仍然未有深思自己的將來，還抱着「畢業後才想」的心態。當時，由於很多大學生都是來自中產家庭，沒有「養家」的概念，很多事情都不會想得那麼遠，最重要的是活得開心。這種「年青人的浪漫」在大學中很普遍，我亦是其中一員。2004年剛畢業，我沒有清晰的目標，只想找一份與金融有點關係的工作，就在一間信用卡公司做市場推廣，職責包括在街上招攬客人登記信用卡和提供日常客戶服務。雖然這份工作與我現在的會計專業沒有直接關係，但由於推廣工作經常要與不同背景的人溝通，我從中學懂如何站在對方的角度來向不同背景的人解釋事情。在職的一年半使我增強了溝通技巧，為我日後的工作打好基礎。

後來在朋友聚會中，很多以前的浪漫族群已經不再「浪漫」，不但不再談活在當下，更開始討論將來的目標和發展。這些議題在大學時極少提及，卻使我決心重新思考未來。後來，我發現審計行業不但有清晰的晉升階梯來為自己的事業發展訂立目標，而且會計師享有受人尊重的崇高社會地位，而香港作為知名的國際金融中心，對會計師的需求殷切，很多上市公司或大企業的高層都是會計師，便決心入行闖一闖，希望將來成為專業會計師。最後，我成功入行，加入陳葉馮會計師事務所有限公司（後來合併成為國富浩華（香港）會計師事務所有限公司）成為初級審計員。

正面思考 視困難為機會

最初加入會計師事務所其實困難重重，由於我不是主修會計本科，對會計和審計方面的知識極為皮毛，與其他會計本科畢業的同事有一段距離，亦未能直接報考專業資格課程 Qualification Programme（“QP”）。我既要日以繼夜地應付忙碌的工作，又要同時修讀轉換課程（Conversion course），面對客戶經常被「考起」甚至嘲諷，壓力之大可想而知。面對這些困難和挑戰，如果沒有明確目標作為動力，絕對是“mission impossible”。除了動力，亦要學懂正面思考。我把考取專業會計師執業試的過程，視為訓練管理時間的好機會，還可以直接將課程學到的知識應用到工作上，做到互相印證，印象更加深刻。如果在工作時發現預定之審計程序與自己理解的條例及處理方法不同，我會向上司及同事請教，從而不斷擴闊自己的知識。透過邊學邊做，被客戶「考起」的情況也愈來愈少，後來更經常與客戶及同事交流會計和審計方面的知識，並得到上司、同事及客戶的認同。這種一路進步所得到的滿足感非筆墨能形容。最後，我用大約三年多完成轉換課程及取得 QP 的資格。

設定目標 一步一腳印

審計行業的晉升階梯是一個典型的金字塔，初級職位多，管理層職位少，因此必定會有瓶頸出現，同事之間的競爭無可避免，要想的是如何突出自己。我認為，審計從業員能否晉升主要取決於四個因素：第一是個人能力。審計行業雖然有清晰的晉升階梯，但每升一級，對崗位能力的要求也有差異，要成為高級經理、董事或合夥人並不容易，必須具備良好的溝通能力、領導才能及豐富的會計和審計經驗以及知識。第二是心態。有些人極具個人能力和潛質，但做到經理或高級審計經理已經自覺滿足，再升上董事或合夥人，反而會感到有壓力，因而缺乏再向上的動力。可見，工作熱誠和決心亦是個人發展中不可缺少的部分。第三是公司給予的機會。在一間業務正在壯大的會計師事務所工作，肯定會多些向上晉升的機會。城市大學的會計研究指出，相對於大所以及小所，目前中型會計師事務所的前景較為樂觀。對此我是認同的，因為我們的客戶基數比較小，在基數效應下，只要爭到幾個較大的客戶，增長就會很明顯。最後是宏觀大環境，即整體經濟狀況。審計行業是資本市場不可或缺的一部分，資本市場的環境與整體經濟息息相關，在自由市場下，整體經濟狀況亦會影響審計行業的職位及薪酬。

猶記得當初我加入會計師事務所，已為自己定下目標：五年升至審計經理，十年內升至高級經理，然後再晉身管理層出任董事或合夥人。現在回頭看，我總算是按着預設的目標一步一步走，而且時刻保持謙遜和尊重的態度跟別人相處，着重與下屬、同級同事以及上司之間的溝通。即使在升任管理層後要更加重視成本效益等關乎公司利潤的事，我也從不會用負面態度去看待別人的意見，而是嘗試理解不同人的想法，並尋求大家合作，彈性地處理問題。現在，我又設下另一目標，就是思考如何回饋社會。在公司的鼓勵及大力支持下，我參加了香港會計師公會 2015 年的理事選舉，第一次參選最終宣告落敗，但能夠與幾位極資深的會計精英同場競選，獲益良多，亦為我往後的理事選舉打下根基。終於，我在 2016 年的理事選舉成功當選為公會理事，希望今後可以為會計業界盡心盡力，協助年青會計師向上流動。

目標要長遠 擺正心態最重要

作為一間中型會計師事務所的管理層，我了解人力資源是會計師事務所最重要的資產，每間公司都會想盡辦法留住有能力和願意拼搏的員工。其實，只要年青人對工作有熱誠、肯拼搏、具備良好的溝通能力、又願意不斷學習，要在審計業界發展並不困難。相比其他專業，審計業的起薪點絕對不高，以時薪計甚至算是「海嘯價」；也有人說，入行做審計需要通宵達旦，卻只有一萬多元月薪，不如做洗碗或保安員 —— 但剛畢業的年青人切忌過於短視，考慮一份工作除了入職薪酬外，更重要是當中的學習機會與未來前景。審計行業的晉升階梯非常清晰，在一般正常情況下，普通大學生每年都會升職加薪，累積滿五年經驗後，都有機會被升為審計經理，薪酬比入職時增加數倍。因此，如果以晉升階梯、學習機會和加薪幅度為標準，審計行業和其他行業相比絕不失禮。作為過來人，我希望和有意入行的年青人分享過去幾年的經驗要點：

- 為自己定下短期及長期目標。無目標地生活，猶如沒有羅盤地航行。

- 「勝不驕，敗不餒」，堅持到底。
- 審計工作涉及大量人力物力，各人的工作都是環環緊扣，團隊精神非常重要。與工作團隊及主管多溝通，遇到問題不要獨自面對，拿出來大家討論，共同尋求解決方案。
- 做好時間管理，把工作細分並計劃好每項細分工作的預定完成時間，如有差異要盡早向上級報告，以制定應對方案。
- 開始每項工作前必先清楚明白工作內容、目標及原因，了解該等工作與相關會計或審計準則的關係，不要盲目跟隨指示，或在沒有考慮實際情況下，把上一年的工作底稿直接搬字過紙。
- 用心學習，一步一步腳踏實地完成每一件工作。
- 做事要有承擔和責任感，勇於面對困難及挑戰。
- 聽取別人對自己的評價，了解自己的不足，從而改善，切忌被「自我感覺良好」的意識所支配，不可以固步自封。
- 凡事都有正反兩面，如果每件事都只看負面而抱怨，只會增加個人的負面情緒，嚴重影響工作效率，對事件毫無幫助。如果可以，盡量 think positive，勇於面對挑戰，將之化為推動力，很多時候困難都會迎刃而解。

世界不斷在變 機會與挑戰並存

近幾年來，審計業也有頗大的改變，例如相繼推出新「會計準則」及「審計準則」、推行新「公司條例」、修改「上市條例」、監管文化漸變嚴謹、在中國境內進行上市公司審計的新規定和上市公司審計監管改革等，種種改變都影響着整個審計行業，令審計服務的邊際利潤不斷萎縮，整個行業都在思考如何開拓新的服務及收入來源。在這種急劇轉變的環境中，從業員更要不斷自我增值，因為「不進則退」是審計行業不變的道理，也是香港會計師公會推行持續專業發展計劃（Continuing Professional Development）的目的。

「創新科技」也改變會計行業。有人認為，會計師以至整個審計行業都是滯後的一羣，追不上時代發展，會計師將來可能會被淘汰。但實際上，會計與金融不可分離，創新科技只會為行業的運作帶來轉變，如用電腦代替紙筆記錄所有賬目。在這幾十年間，創新科技不但沒有淘汰會計行業，反而有利行業發展，更多新職位也伴隨科技誕生，像電腦審計、電子商貿等，往往帶動整個社會的發展，連帶會計行業本身也不斷向新科技邁進，像不斷更新的會計處理軟件、審計工作底稿電子化等。因此，審計業及年青一代要適應新科技的發展，把握機遇，才能增加自己的競爭力。

近年，無論是大中小型的會計師事務所，都在抱怨人才短缺，原因是社會對各種會計專才需求極大，這同時意味着有能力和熱情的年青會計師將有很多向上流的機會。作為過來人，我也希望年青一代力求上進，充實自己，避免急功近利，只顧短暫的回報，忽略長遠的發展。香港的審計行業在前人的基礎上已有良好的進展，年青一代若能入行並把握機遇，未來將會有更好的發展。「世界不斷在改變，機會與挑戰並存！」

年輕會計師的心聲

胡天泓
四大會計師事務所之一的審計員

我是一名 90 後上海人，高中畢業後，來到香港，於城市大學就讀會計系。2015 年畢業後，進入四大會計師事務所（「四大」）從事審計工作，到現在有一年半的時間。回想當年選擇會計當主科的原因，一來是因為父母都曾從事相關工作，令我對這個領域產生最初的興趣，二來是因為在紛繁多變的商業世界中，會計始終與商業市場的各個領域息息相關，加上就業前景廣闊，我便選擇就讀會計系。

隨着大學時光流逝，我也和其他大學生一樣，需要選擇畢業後的第一份工作。透過與老師和校友交流、網路搜集的資訊、以及參加各類招聘講座，我了解到進入四大工作將會在可預見的未來有較清晰的晉升階梯，得到具系統性的專業培訓，還會有許多年齡相仿的同輩同事們共同成長。而且，在四大的各個部門中，審計的工作性質能令人更快速有效地學習並提升自我，每一年招收的畢業生數量亦屬最多。於是，進入四大做審計就成為我的求職目標。

在經歷一系列筆試、小組面試和一對一面試之後，我有幸進入四大的審計部門工作。公司提供的各種專業培訓以及應考 Qualification Programme 的課程，都對我的個人及職業發展有很大幫助。與此同時，雖然早已聽聞審計職業辛苦、工作時間長，但自己及其他同事的經歷都令我覺得現實中的工作強度比預期的還要更大。在從事審計工作的這一年半中，我得到許多學習和進步的機會，也不可避免地遇到一些工作困難，當中有一些涉及到我的個人感受和能力，有一些則與會計行業的特點有關。

會計業的困難

對我而言，主要的困難是工作時間長。雖然在選擇審計作為工作之前，我已經做好經常加班的心理準備，但現實中的工時似乎超出我的預期。眾所周知，每年的 1 月至 3 月是審計行業的旺季，這段時間的加班次數最為密集，也是下班時間最晚的一段日子。在這幾個月中，我很少有機會能夠在凌晨 12 點之前結束工作，更常要在週末騰出一天時間上班。當工作繁忙並且時間緊迫的時候，凌晨 1 點甚至 2 點多下班也相當平常，更何況我還不是最晚下班的員工，此時公司仍然有許多同事在忙碌着。儘管旺季過去，我還是陸續遇到不少需要加班至凌晨的專案。那段時間，我不禁感歎：審計的旺季似乎沒有真正結束的一天。長期的加班和不規律的生活作息對工作效率和身體健康都帶來負面影響，是其中一個最大的困難。另外，整個會計或審計行業的環境也為我的工作帶來困難，比如人員流失率高和行業競爭日益激烈等。

進入公司以來不斷有同事辭職，包括剛進公司幾個月的新人，還有經驗豐富的經理。離職員工當中，最多是已工作三到四年的中層員工，這些人又恰好是公司非常寶貴的資源。他們在過去幾年的工作中已經累積了相當的經驗，並且對自己參與的專案都有較全面的了解，公司正需要他們承擔起專案負責人的角色，為其他初級員工提供指導。然而，這些重要員工的流失率卻似乎最高。近幾年，我身邊有不少正跟進項目的中層員工離職，導致一些未有足夠經驗和能力的員工提前擔任專案負責人。為了保證審計品質，跟進這些專案的員工們便需要用更多時間加班。因此，高流失率導致一定程度的人手不足以及工作時間的延長。

公司雖然有聘請新員工來緩解這個矛盾，但新來的中層員工數量遠遠少於離職人數。況且，面對較為複雜的大型項目，新員工亦需要時間去進行全面的了解，很難立刻完全替代離職的員工。審計業工時長導致員工流失，而高流失率又令工作時間更長，形成惡性循環。正如城市大學的研究結果所反映，長工時和高流失率是明顯地影響着四大營運和管理的兩大因素。

在當今社會，幾乎每個行業的競爭都很激烈，會計行業也不例外。對此，有公司選擇爭取更多客戶和專案來增加收入。

作為員工，我們當然樂意看到公司競爭力提升，但在爭取新專案的同時，亦需考量公司是否有足夠員工提供審計服務。在我參與的不少專案當中，因為同時有新專案需要人手或有同事離職，原有專案組的同事人數逐年減少。日益增多的審計專案和人手不足為員工造成一定壓力。

多方努力 共同緩解困難

無論是個人或公司，都有一些方法可以緩解以上困難。從個人層面來説，改變行業現狀很難，因此應盡量調整自己的心態。工作內容多、時間緊迫的專案，或許恰恰是我學習新技能並且快速成長的機會，因為壓力通常能令人進步。面對很長的工時，我會根據任務的緊迫和重要程度安排工作次序，提高效率，並改進自己時間管理的能力。以上提到關於快速學習和高效工作的才能，不僅對審計這一行業尤為重要，在其他領域亦很寶貴。

至於公司，應適當調整現有的薪酬制度。當然，薪酬高低並不能決定一份工作的好壞，還有如工作提供的學習機會、對個人職業發展的説明等長遠因素都影響對一份工作的評價，但薪酬是對員工付出的公平回報。以四大為例，每一年晉升後都有增加薪酬，但考慮到相應增加的工作強度及責任，以及物價漲幅，四大員工的薪酬仍有上升的空間。適當地提高薪酬，除了彌補員工日益延長的工作時間，也可以吸引更多優秀人才，還能夠挽留想離職的員工，對降低人員流失率有一定的幫助。

作為員工的我完全能夠理解公司所面臨的激烈競爭，亦明白公司為了發展必須努力爭取客戶。但與此同時，公司也應該仔細考量自身是否有足夠的資源。如果員工數量不足以接納太多新專案，公司應該考慮聘請更多員工，來保證審計服務的品質。站在一個初級審計員工的角度，這些是我所看到的會計行業的困難，也許並不完全客觀，也不全面，但確是我的所思所想。雖然我有不少身邊的同學或同事後悔修讀會計和進入四大，但我並不後悔，因為會計帶我走進商業這個多姿多彩的世界，而四大更是我進入社會工作的起點，給我寶貴的學習平台，訓練我的溝通能力，還教會我如何去思考並解決問題。

在未來的日子裏，我也許會選擇出國深造，嘗試其他不同於會計的專業，一方面因為在大學期間，我選擇做春季實習而放棄去國外交流的機會，現在仍然很想嘗試在國外學習；另一方面是希望自己在有了工作經驗之後回到校園學習，能夠有不同的體驗和更多收穫。職業發展方面，我會嘗試其他不同於審計的行業，也許是諮詢、稅務、金融，希望在未來我可以繼續迎接挑戰，提升自我，同時也能夠保持工作和生活之間的平衡。無論將來從事甚麼工作，我在四大工作的日子一定是人生中非常寶貴的經歷，也是我一生的財富。

學生看前景

李芝蘭

巫麗蘭

陳浩文

甘翠萍

李建安

香港會計師公會在 2016 年的會員人數超過四萬，另外，註冊學生逾一萬七千人，因此，要了解會計界人士對前景的看法，不能忽略這批未來「新血」的觀點。我們由 2015 年 8 月開始以問卷形式訪問了 1,152 名會計系學生（當中包括 1,045 名本地生以及 93 名非本地生），整體來說，學生對個人、行業乃至香港前途的看法都屬中游評價。表十一顯示學生給予各項前景的平均評分介乎 5.22 分至 5.8 分（10 分最好，1 分最差）。

表十一、會計系學生對於前景的評分（N=1,152）

	總體評分
個人前景	5.8
行業前景	5.5
香港前景	5.22

（註：1 分為最差、10 分為最好。）

值得留意的是，學生對於個人前景的評估（5.8 分）較整體行業前景（5.5 分）以及香港前景（5.22 分）都要樂觀，顯示學生普遍相信自己有能力跑贏同輩，這亦可具體反映在薪酬期望中（表十二）。以 2016 年為當年薪酬計算，超過 70% 的人認為在畢業五年後拿到的月薪可以超過三萬元，認為薪金可達五萬或以上的有 17%（薪金中位數為三萬至四萬）。而在畢業後十年，覺得薪金可達五萬以上的受訪者升

表十二、會計系學生對畢業後薪金的期望（N=1,152）

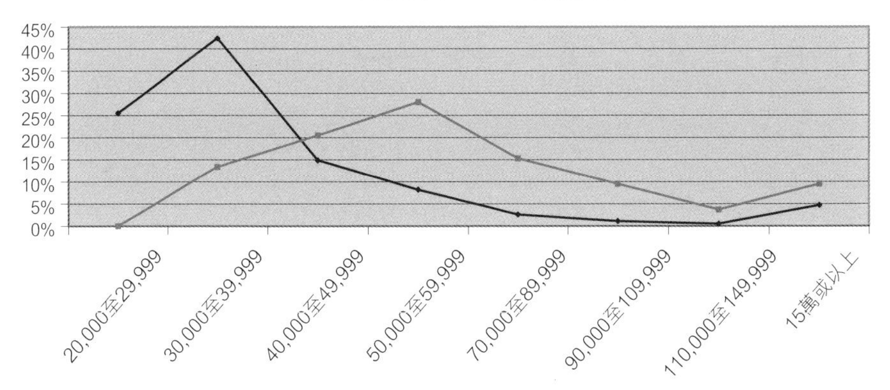

至 66%（薪金中位數為五萬至七萬）。這組數字相對全港整體的工資水平可謂相當不俗。根據統計處的數字，25 歲至 34 歲青年（即相當於大學畢業後五至十年）的月薪中位數為 16,200 元。若以此計算，受訪者期望的薪金中位數相當於同齡人士的二至四倍。會計系學生對自我能力的肯定，與我們之前針對會計從業員的研究結果一致 —— 已投身社會工作的會計從業員給予個人前途的評分亦屬最高。根據香港會計師公會 2016 年會員調查，會員年薪中位數介乎 30 萬至 59.9 萬（折合約月薪 2.5 萬至 5 萬），遠較全港月薪中位數 1.55 萬元高。單以薪金來說的話，受訪學生以及會計從業員的判斷可以說是合理的。

表十三、會計系學生對影響前途因素的評分（N=1,152）

	評分		評分
1. 個人的能力	3.69	5. 香港的政治情況	3.23
2. 會計行業的發展	3.61	6. 中國以外地區的發展機遇	3.22
3. 香港的經濟情況	3.61	7. 中國的發展機遇	3.19
4. 香港的社會情況	3.36	8. 一帶一路倡議	2.84

（註：1 分代表最不重要、4 分代表最重要）

表十三的結果顯示受訪者將「個人的能力」排在影響個人前途因素的首位。令人感到驚訝的是，特區政府以及業界多番強調與香港發展息息相關的「中國的發展機遇」以及「一帶一路倡議」位列最後，排在「中國以外地區的發展機遇」後面，或反映出本土思潮下年青人的潛在想法。

個人能力如斯重要，問卷內設了十五項個人技能讓受訪者自我評分（表十四），結果顯示所有評分都在中間數 3 分以上（5 分最強，1 分最弱），再一次印證受訪者對個人能力相當有信心。值得留意的是，坊間經常批評學生工作態度欠佳，與研究反映的數字有明顯落差。撇除大部分受訪者的母語（廣東話）能力之外，「肯捱苦」、「肯吃虧」及有「上進心」在評分中都排在前列位置。相反地，透過訪談，大部分管理層認為新入職者的專業技能（例如會計專業知識，資訊科技應用等）問題不大，學生的自我評分反而較低。到底是學生自我評估錯誤，還是管理層未能識別

表十四、會計系學生對自我能力的評估（N=1,152）

	評分		評分
1. 廣東話	4.52	9. 英文	3.48
2. 職業道德	4.05	10. 會計專業知識	3.37
3. 肯捱苦	3.71	11. 資訊管理	3.29
4. 肯「吃虧」	3.65	12. 實際工作經驗（例如 實習、兼職）	3.24
5. 上進心	3.61	13. 長遠職業規劃	3.15
6. 普通話	3.60	14. 國際視野	3.12
7. 人際關係及溝通技巧	3.59	15. 會計軟件應用	3.02
8. 應變能力	3.56		

（註：5 分為最強、1 分為最弱。）

和發掘出學生的優點呢？這種落差值得會計業界以及教育界進一步探討。

此外，部分會計師事務所合夥人在訪談當中指出，新入職員工因生活優渥而偏向自我中心、陳義過高，但我們的研究卻發現大部分學生選讀會計學系的原因是「較容易找到工作」（47.7%）以及其「晉升前景」（42%）。表十五的結果顯示，學生在挑選第一份職業時，是以「薪酬及員工福利」和「清晰的晉升階梯」為首兩大考量因素。對一些看似較形而上的考慮，例如「工作意義」以及「興趣」，只排第七及第八相對次要的位置，其實學生相當「貼地」。

表十五、會計系學生選取第一份工作的考慮因素（N=1,152）

選項	評分	選項	評分
1. 薪金及員工福利	3.45	8. 興趣	0.96
2. 清晰的晉升階梯	2.09	9. 辦公室的環境	0.71
3. 工作時數	1.78	10. 在職培訓的機會	0.67
4. 學習機會、能否從中汲取有用經驗	1.32	11. 上班地點與家的距離	0.38
5. 公司的規模	1.26	12. 到外地工作的機會	0.22
6. 提供協助予員工考取專業資格	1.20	13. 到內地工作的機會	0.10
7. 工作意義	1.03		

（註：5 分為最重要因素、0 分為最不重要因素）

表十六、會計系學生會否再選讀會計系（N=1,152）

會	不會		
53.9%	34.6%		
	太過辛苦	無天份	無興趣
	46.1%	65.5%	38.8%

（註：由於在挑選「不會」的原因時可選多於一項，因此總數合計多於 100%。）

表十七、會計系學生畢業後選擇的工作機構（N=1,152）

機構類型	評分	機構類型	評分
1. 政府	5.13	5. 其他中小型會計師事務所	2.86
2. 四大會計師事務所	4.97	6. 非政府組織	2.31
3. 商業機構	4.32	7. 教育機構	2.10
4. 二線會計師事務所（2nd tier）	4.22		

（註：7 分為最首選、0 分為最後選擇）

不過有一點相當有趣。雖然受訪者對薪金的期望很高（表十二），亦稱自己肯捱苦（表十四），並且最重視薪金以及晉升階梯（表十五），卻有 46% 的受訪學生表示，若再有一次選擇的機會，他們不會再選讀會計學系，當中大部分原因都指會計行業「太過辛苦」(65.5%)（表十六）。有曾與我們交流的會計系學生表示，從各方得到的訊息都指會計行業「有開工，無放工」。

這些不想再讀會計學系的學生在選取工作的時候，最多受訪者選擇的是加入政府做公務員（表十七）。

香港會計業界要持續發展，就要不斷提升國際競爭力，吸納更多精英新血入行。表十六及表十七的結果對會計業界來説或許是一個警號。雖然會計行業的薪金增幅極為吸引，學生亦有意投入這個行業，但超強度的工作要求卻令不少有志者躊躇卻步。受訪學生的擔憂不是杞人憂天。根據我們之前針對會計從業員的研究，「長工時」以及「流失率高」也是阻礙會計師事務所營運的兩大主要因素。我們都知道香港會計業界已在不斷思考如何平衡生活與工作（Work-life balance），認真檢討薪酬架構（例如多年未見提升、被指偏低的起薪點）以及改善辦公室環境，從而招攬及挽留人才，但這份研究反映出的結果顯示，效果似乎並未得到受訪者完全認同。

（初刊於灼見名家，2016 年 10 月 28 日；這次出版文字略作修訂。）

附錄一
會計業界交流會觀點綜述

李芝蘭、巫麗蘭、陳浩文、甘翠萍、李建安

由 2015 年 8 月至 2016 年 5 月的香港會計界問卷調查中，我們開列了十一項促進行業發展的措施讓受訪者評分（合共收回有效問卷 428 份），受訪者對各項措施的評分差異不大，首位的「投資 IT 促進效率」（3.91）和第 11 位的「開拓一帶一路商機」（3.24）只是相差 0.67 分。三類會計師事務所在各項措施的評分，差異同樣不大。「開拓一帶一路的商機」排在第 11 位（表十八），反映三類型的會計師事務所都把這個北京看重的國家策略對行業發展的作用看得較淡。

表十八、各類型會計師事務所對促進行業措施的評估（N=428）

	全體受訪者	四大行	非四大行	中小行
1. 投資 IT 促進效率	3.91	4.01	3.80	4.00
2. 緊隨國際會計準則及監管要求	3.86	3.95	3.79	3.86
3. 與海外 CPA 加強合作	3.73	3.71	3.74	3.79
4. 提供 ESG 等審計服務	3.70	3.78	3.66	3.57
5. 加強巡查同業不守規則的活動	3.66	3.72	3.59	3.76
6. 拓展非核心業務	3.65	3.81	3.51	3.71
7. 與內地 CPA 加強合作	3.59	3.62	3.57	3.58
8. 強化 CPE 課程	3.60	3.58	3.58	3.81
9. 加強道德培訓	3.56	3.59	3.53	3.67
10. 提高行業入職標準	3.56	3.61	3.49	3.78
11. 開拓一帶一路商機	3.24	3.29	3.16	3.50

（註：評估由 1–5 分，1 分代表非常不同意，5 分代表非常同意。）

得出初步結果後，我們於 2016 年 5 月 17 日舉行了研討會與業界交流成果，出席的人包括香港會計師公會、澳洲會計師公會等專業組織的成員；四大、非四大（second tier）以及中小所的合夥人及從業員；商界人士；學者；立法會議員以及傳媒記者。面對會計界業內的千頭萬緒，我們嘗試在研究結果的基礎上拋出一些改善業界運作的建議讓與會者討論。

資訊科技將改變行業生態

交流會中，大部分與會人士都同意科技發展對會計行業帶來重大影響，有會計師公會代表甚至相信 IT 發展會令會計業流失大量初級職位。不過有立法會議員認為，專業服務始終是「對人」的服務，只要從業員掌握到新技術，便可以運用這些技術來更好地服務客戶。有大學教授曾統計全港八間大學的會計系課程，發現學校尚少涉獵像 BIG DATA 的較新領域，一些海外留學生無法做學分轉移，因為在香港根本找不到類似的學科。因此，他建議大學課程要與時並進。

培訓學生「軟」能力

有資深業界人士指出，雖然香港學生在會計知識上達標，社交能力卻較為遜色。他們在商談具體業務操作時不會有困難，但每當談及英國脫歐或德國難民等話題時，很多時候都搭不上來。他認為，討論這些國際大事有助建立與客戶間的共同語言，因此學校應該加強人文學科的教育。另外，有公共事業公司財務總監指出，會計是一門對人以及注重團隊合作的行業，因此人事管理和領導能力等技巧相當重要，可惜這些都欠缺於現在的教育課程中。

一帶一路？

城大研究結果顯示受訪會計師將「一帶一路」置於解決行業困難選項的最末位置，對此，有北京智庫成員表示關注，認為香港會計專業可在中國企業走出去的過程中發揮重要角色。不過同時，他批評香港會計專業對「一帶一路」的認識不深，而且不夠主動，未能令內地政府及企業知悉香港會計專業的優勢所在。有四大主管合夥人認同「一帶一路」將帶來很大的機遇，但要把握卻相當困難。他認為，不能將業界參與「一帶一路」與當年參與中國內地改革開放的過程相提並論，因為不論在語言或文化上，香港與內地都相對接近，但對「一帶一路」沿線國家的認識卻不深，因此影響香港的發揮空間。有會計師公會代表也認為，如果以四大來說，他們在世界各地都有網點，內地企業大可透過內地四大分所直接與海外所聯繫。

此外，香港不少中型及中小型事務所在越南等新興市場其實已經設有分所，但要他們在風險因素未明的情況下，到一些並不熟識的「一帶一路」國家擴展業務和開設辦事處是相當困難。他認為，較可行的辦法是由港府牽頭爭取亞投行來香港設立分行，又或者透過稅務安排等誘因，吸引參與「一帶一路」的企業來港集資。只要能夠把企業「引進來」，香港的專業界別即可提供相關服務。一家中型所的合夥人表示，有參與「一帶一路」項目的地方企業擬來港設立實體公司以便發債，並要他們提供相應協助，這正是活生生的案例，顯示只要業界願意主動出擊，香港在「一帶一路」中其實可以扮演吃重的角色。

香港會計師公會的角色

城大的研究結果顯示，香港會計師公會在促進行業發展方面的表現中規中距（以 5 分為滿分，受訪者評分介乎 2.68 分—3.28 分）。有會計師公會代表認為，他們的工作已達到行業組織能力的界限。對於部分中小所投訴公會的支援太少，起不到大所與中小所之間的橋梁角色，他回應，因為牽涉到不同事務所的商業考慮，很難要求他們無保留地共享信息。有中型所的合夥人舉例，自己曾報名參與會計師公會舉辦的海外交流計劃，但最終因為報名人數不足而取消，她慨嘆會員們不夠投入。另一位身兼會計師公會小組成員的公共事業公司財務總監同意公會面臨不少困難，指出他所屬的公會小組也曾舉辦一些培訓課程，但最終參與的人數不多。他認為，很多香港會計師的目光過於短視，往往認為培訓課程或活動未能帶來即時及立竿見影的效果，就不熱衷參與。會計師公會代表之後補充，公會收取業界會費營運，如果搞出來的活動不受歡迎，將有機會被質疑亂花錢，所以會計業界的支持和態度直接影響公會的職能和發揮。

總括來説，要提升會計業界競爭力，我們認為需要涵蓋更多學科的訓練和富創造力的培訓和教育課程，培養新的人才以提供非核心會計專業服務，並孕育新一代專業人員和商界領袖。香港會計業界及學界在投資研發（R&D）、發掘新市場、新服務以及新科技等各方面都做得不夠，這都需要行業領袖、專業協會、政府以及學界更主動及積極地領導及協助。本研究提出了一些建議來促進這過程，讓不同持份者的意見，揉合成有效推動行業正面轉變及行動的力量。

（初刊於《灼見名家》，2016 年 10 日 25 日；這次出版文字略作修訂。）

附錄二
會計行業申請工作的面試技巧

葉世安
香港城市大學會計系高級講師

同學畢業前都會經過找工作的艱苦過程，無可避免地要參加不同的面試、和其他也在找工作的同學比併、接受面試主管（如會計師事務所合夥人）的評核。要面試成功並得到夢寐以求的職位，你必須先做好充足準備，掌握良好的面試技巧，才能大幅提升成功的機會。為了讓同學們了解面試成功的一些重點，請參考以下的資料和提議：

面試的基本重點

面試主要是讓招聘機構（如會計師事務所或商業機構）的主管人員有機會親自評核申請人是否符合要求，因此，求職者應先詳細了解招聘機構對求職者的期望。大致上，招聘機構都會用以下三個問題來評核求職者。一，求職者能否勝任未來幾年的工作崗位及相關的能力需求？二，求職者是否對所申請的職位（及其未來更高職位）顯示熱情和投入感，讓主管相信他（她）會充分投入工作並有好的表現。三，求職者是否能和其他同事合作愉快，成為團隊的緊密隊員？

其次，一進入面試程序，你的表現就會決定你能否得到職位。這時候，學歷等資料已經成為次要（除非你在面試的表現真的跟其他求職者毫無分別，機構才會「被迫」考慮你原本的資料）。面試表現是相對的，只要你的表現超越機構的基本期望，也比其他求職者優勝，就會有很大機會受聘。打個比喻，如果你有七十分，其他對手只有六十五分，勝出的還是你，根本不需要一百分才會受聘。所以，每一個同學在面試時都要盡量表現，每一分都可能是勝敗的分野。

再者，面試是一次全面性的評核，同學們有可能被要求在各個範籌顯示出優秀的能力或知識，因此一定要有充分準備，不能心存僥倖，希望幸運之神降臨。這包括從外表到內涵的所有層面，只有內外兼修，才可一戰功成。

充分準備面試

要作出充分準備，同學們需從以下各方面部署：

外形 / 外表

優秀的外形絕對大大增加面試成功的機會。從頭髮裝扮到腳上的皮鞋，整個外形都要照顧好。很多同學以為，只要穿上西裝（套裝或正裝）就能顯示優秀外形，殊不知面試時所有同學都會穿上西裝。因此，你一定要比別人穿得更好看，更專業，也更有品味。除此之外，怎樣穿戴也是能讓你突圍而出的細節。無論在髮型、眼鏡、手錶配件，都要別出心裁（但切忌標奇立異），才可得到面試主管的讚賞。

優美的外形由頭髮開始。男同學頭髮不能過長（達到甚至超越肩膀），而且不能染髮。女同學頭髮長短皆可，也可以接受染髮（基本上以咖啡色為主）。無論男女，你的髮型都應顯示有花心思打理頭髮的習慣，而且應有專業會計師的感覺（一位專業演員的髮型非常好看，但必然異於專業會計師的髮型）。如果你的頭髮給人一種已經三個月沒有修剪過的感覺，那肯定會被扣很多分數。

眼鏡也很重要。一副擁有專業形象的眼鏡會讓你看起來更像一個會計師。很多同學的敗筆就是帶平常上學的眼鏡去面試，讓面試主管覺得你還沒有足夠的心態去迎接未來的工作和事業。另外，就算沒有實際需要（沒有近視），同學也不妨考慮配帶讓你看起來更專業的（平光）眼鏡。說到底，眼鏡和西裝都是為了增加面試者的專業形象。

當然，每位同學都知道要穿西裝面試。男同學基本上沒有其他選擇，只能穿黑色或深藍色的西裝去面試，上衣也只能穿白色或藍色（可以是淺藍或者深藍色），其他顏色的上衣很有可能被扣分，甚至被淘汰。女同學這方面則比較寬鬆，任何顏色的上衣皆可（所以不同顏色的套裝可配置合襯顏色的上衣）。不過，如果女同學是到畢馬威（KPMG）接受面試，還是應該穿黑色西裝較為穩妥。至於其他事務所或商業機構，則可視乎天氣來決定西裝的顏色和款式（夏天或天氣熱時可以穿淺色，如粉紅色，淺藍色套裝；冬天或天氣冷時應穿深色套裝）。

最後，鞋子的選擇也以專業為主，並配合套裝的顏色。有兩點要特別留意。一，尤其女同學，所穿的鞋子不能露出腳趾或者腳跟；二，女同學要穿絲襪，但不能穿太厚的襪子（如芭蕾舞襪），顏色也應偏向純色。

文件

所有同學在面試之前請先準備一個辦公室型的公事包，把所有的相關文件都準備好，包括簡歷（resume）、中學和大學的學業成績表、學術和非學術的獎狀或證書、參加活動的證書、和其他培訓課程的證書等。這些簡歷和證書一定要被適當地排放在公事包內，以確保在需要時能在十秒內把指定文件從公事包拿出來。

基本相關資料

面試的一兩天前，面試者應重新翻看事務所或企業的資料，特別是事務所的網站資料。同學應小心閱讀網站內大部分版面的詳細內容，尤其是關於所申請崗位的資料。舉例，如果你申請一間會計師事務所的審計（核數）員職位，就要留意這事務所的審計部門有多少不同的服務線（business lines）、員工人數、誰是主管合夥人、主要客戶等。

此外，你也應該查看報章和網上資料，閱讀最近關於香港和環球經濟、會計行業、和這所事務所的重要新聞。萬一出現一些重要事項，你需要詳細閱讀並小心分析，以備在面試時能回答相關的問題。

如果同學認識正在事務所或機構工作的師兄或師姐，便應該跟他們聯繫，查詢要特別留意的事情，順便請師兄或師姐指點一下面試可能碰到的情況，好讓自己有心理準備。

實地觀察

很多時候，面試都在事務所或商業機構的辦公室進行。如果你沒有去過它的辦公室，那就應該在面試的兩三天前去附近觀察一下，並應該乘坐面試當天用的交通工具前往，以便自己能預算交通時間。這點非常重要，因為如果你在面試當天遲到，就肯定會被淘汰。到達面試地點，肯定自己不會弄錯後，你可以在大樓裏面或附近的商場走一圈，了解周圍環境，尤其是洗手間的位置。

面試當天，同學應該提早大約半個小時到達面試地點，以防遇到交通堵塞或者小型交通意外。如果一切順利，並提早半個小時到達面試場所，先不要着急報到，你可以在大樓裏面或附近走五分鐘，讓自己先穩定下來，還要先去洗手間（絕大部分的面試同學都不會有膽量在面試中途提出去洗手間的要求），順便整理外表和裝扮（在交通過程中可能頭髮或服裝變得淩亂）。女同學記得補口紅（傳統上，女同學不塗口紅去面試很有可能被立刻淘汰）。同學們應在指定面試時間的十五分鐘前坐電梯到事務所或機構報到，準備進行面試。

臨場面試表現重點

要面試表現理想，首先要有良好的心態。無論你是否最想加入即將進行面試的機構，面試當天一定要説服自己這正是你夢寐以求的工作。只有抱持這個心態，你才會全心全意投入整個面試。其次，你必須説服自己絕對比其他同學（面試者）都優秀（留意，不是告訴自己不比其他人差！）。只有擁有足夠的信心，你才可以完全發揮實力。有了良好的心態，面試的臨場表現還要留意下面各點：

社交儀態

現場的社交儀態很重要，因為這是你給別人的第一印象，千萬別小看其重要性。如果面試員對你有非常好的第一印象，就會想聘用你，提出的問題相對也會比較簡單和容易回答，讓你能充分表現自己。相反，如果對方一開始就不喜歡你，問題自然會變得尖鋭，讓你不懂如何回答，從而達到淘汰你的結果。

小組討論技巧

小組討論（group assessment）的評核重點在於，你既要充分顯示團隊精神（讓大部分甚至所有同學都喜歡和接受你），也要讓面試主管覺得你比其他同學優秀（面試員通常不會讓所有同學過關和受聘）。要達至效果，需要適當的培訓和練習。保持甜美笑容和良好的親和力；多關心其他同學，使同學們都感受到你的善意；在討論過程中，不能肆意攻擊或不斷否定對手，否則會引起他們的強烈反彈，甚至羣起反擊，到時團隊精神也就不復存在。同時，要確保自己有更多的發言次數和時間（你有更多發言次數，變相減少其他同學的發言機會；你的發言時間愈長，在與發言時間短的同學比較下，你看起來就比他們更強）。唯一要留意的是，當你覺得自己已有把握受聘，就應該開始把發言機會讓給其他人，尤其是相對較少發言的同學，千萬別過度霸佔所有發言時間，免得讓面試主管覺得你缺乏團隊合作和互動的精神。

個人面試技巧

個人面試環節通常都是一（經理或合夥人）對一（你自己），但也可以是幾位面試主管對你一個。兩種情況所需要的技巧分別不大。

首先，同學們一定要以最佳外表出席面試，並且顯出開心友善、熱情投入、忠誠可靠、和專業自信的特質。如果你能充分顯示以上特質，幾乎肯定會得到這個職位（很遺憾地，很多同學都沒有完全擁有或不懂如何顯示這些特質）。其次，再一次提醒所有同學注意社交禮儀，千萬別做出不恰當的行為。

面試主要是問答環節

你將會面對很多不同範疇的問題，在此分為三大類：一，關於你的簡歷；二，時事新聞；三，通用常識（broad based knowledge）和個人興趣習慣。

簡歷問題

你有超過一半的機會要回答以下問題：「請簡單介紹一下自己並解釋為何你申請這份工作。」這尤其適用於非會計專業的同學。面試主管很有可能要求非會計系的面試者解釋其申請會計職位的原因。繼這條問題後，面試官通常都會圍繞你的簡歷發問。對此，有兩方面需要留意：一，詳細內容。假如你曾經到新加坡進行交流活動，就應該能說出詳細行程——參加過哪些活動項目，見過哪些教授、會計師、政府官員或其他重要人物，以及他們講過甚麼話題等。二，目標和結果。每一個你曾經做過的決定或參與過的活動項目都應該是在深思熟慮下進行。假如你曾經參加新加坡的學生交流活動，就要能說出你想參加這個活動的原因，有甚麼想法和目標，怎樣在這個活動和其他同時舉行的項目中抉擇等。此外，你需要告訴面試員自己最後能否達到原定目標，如果尚未達到，就要準備合理解釋。

時事新聞問題

時事新聞是面試幾乎肯定會問的區域，通常會有兩種問題。一，面試主管會要求你從過去一週發生的時事新聞裏說一件讓你感動或震撼的事。只要能解釋為何這新聞為你帶來震撼的感覺，任何類型的新聞（經濟、政治、民生、甚至娛樂新聞）都可以回答。二，面試主管會直接提供一則新聞，要求同學討論和分析新聞內容。如果你真的沒看過，不知道這則新聞，千萬不能胡亂作答，意圖僥倖。相反，你只能承認自己沒有留意，再作道歉（當然，面試員會問這新聞，一定覺得有其重要性，也覺得你應該留意）。在分析的層面，就算你沒有深刻考慮過這則新聞的重要性及影響，也不能迴避，必須盡力作出分析。不用太擔心自己的分析不夠全面或精闢，因為面試主管不會對學生要求過高，只要合理並符合情況，面試主管就會接受。

通用常識／興趣習慣問題

面試時也會碰到關於通用常識和興趣習慣的問題。在這方面，我希望同學們可以了解五個範疇，包括飲食（美酒和美食，尤其是你家鄉的美食）、旅遊（不管你去過還是沒有去過的國家或城市）、音樂（包含不同年代和風格的音樂和歌曲）、運動（包括所有如足球、籃球、網球等熱門運動，無論你懂還是不懂，喜歡還是不喜歡）、空閒活動（星期天的慣常活動）。這個範疇的問題比較容易應對，但不能大意。

最後一類屬於處境問題，不過這裏不作詳細介紹，也不希望同學們會碰到這類問題。因為只會對小部分同學發問，所以大部分同學不用擔心。

面試完畢後，請謹記有禮貌地跟面試主管道別，並於離開面試地點時依舊保持專業態度和行為，直到你登上交通工具準備回家。

總結

面試不是一個簡單的過程，很多時候會讓你不開心，甚至自卑和失去自信。不過，只要你準備充足，在整個面試過程中保持愉快友善、熱情投入、忠誠可靠、和專業自信，還是有很大機會獲得聘用。祝大家好運。

後記：
成書之後、及以外……

曾經想過為這書寫個總結，但還是寫不了，因為持續發展的探索仍是進行式，寫總結未是時候。

就在成書之時，我們的研究團隊與法律學院的同事以及業界朋友合力開展新的一頁。2017 年 1 月，我們獲得香港特區政府中央政策組的「策略公共政策研究計劃」撥款資助新的研究，探索香港專業服務業和「一帶一路」的關係及其參與路徑，會財及法律專業將為重點研究領域。計劃為期三年至 2020 年，我們期望開展更廣泛而深入的討論，促進從政策到專業乃至個人層面的進步和發展。

為此，我們去年成立了一個跨學科應用研究合作平台 —— 香港持續發展研究樞紐，以便與社會業界展開合作。「一帶一路」牽涉廣泛，除了本港和內地層面，國際視野的討論不可或缺，我們團隊亦將計劃建立國際樞紐，以學術和專業聯繫為重點。

當大家讀到這裏，也希望可以透過面書和我們聯繫，香港的持續發展需要大家共同努力。當我們有新的進展，期待再度成書向大家報告。也許，屆時其中會有你及你朋友的努力。

在本書正進行最後校對之時，收到了一則喜訊，便是我們研究團隊得到校方支持成立香港持續發展研究中心（Research Centre for Sustainable Hong Kong），簡稱 CSHK，C 除了代表 Centre 外，亦有 Collaboration 協作的意思。我們相信，只有大家共同協作，才可以令香港可持續發展。希望大家一起努力及參與。

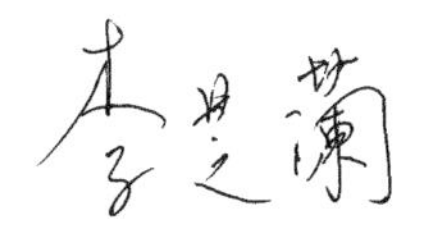

香港持續發展研究中心總監

香港城市大學公共政策學系教授

2017 年 4 月 29 日

作者簡介（按姓氏拼音排序）

陳美寶　香港會計師公會會長（2017–2018）。

陳浩文　香港城市大學公共政策學系副教授，香港持續發展研究中心成員。

陳錦榮　香港立信德豪會計師事務所董事總經理。

鍾永賢　德勤・關黃陳方會計師行首席執行官兼德勤中國全國審計及鑒證主管合夥人。

甘翠萍　香港城市大學公共政策學系研究員，香港持續發展研究中心成員。

郭碧蓮　劉繼興會計師事務所高級合夥人。

黎惠芝　資深商業會計師，審查公司財務總監。

梁繼昌　立法會（會計界功能界別）議員。

梁國基　安永大中華區風險管理主管合夥人。

李芝蘭　香港城市大學公共政策學系教授，香港持續發展研究中心總監。

李建安　財經新聞頻道監製，香港持續發展研究中心成員。

盧卓邦　國富浩華（香港）會計師事務所審計董事、香港會計師公會理事。

巫麗蘭　香港城市大學會計系教授，香港持續發展研究中心副總監。

吳嘉寧　資深審計師，四大會計師事務所之一前主管合夥人。

黃劍文　港燈電力投資財務總監。

黃華燊　華德會計師事務所合夥人、澳洲會計師公會大中華區分會副會長。

胡瑞芯　香港城市大學高級研究助理。

胡天泓　四大會計師事務所之一的審計員。

葉世安　香港城市大學會計系高級講師，香港持續發展研究中心成員。

縮略語對照表

BDO	立信德豪
Chinese Institute of Certified Public Accountants（CICPA）	中國註冊會計師協會
Deloitte	德勤
Ernst & Young（EY）	安永
Financial Reporting Council（FRC）	財務匯報局
Gross Domestic Product（GDP）	國內生產總值
H Shares	（H 股，即註冊地在內地，上市地在香港的外資股）
Initial Public Offering（IPO）	首次公開募股
International Auditing and Assurance Standards Board（IAASB）	國際審計與鑒證準則理事會
International Business Machines Corporation（IBM）	國際商業機器股份有限公司
International Financial Reporting Standards（IFRS）	國際財務報告準則
International Forum of Independent Audit Regulators（IFIAR）	國際「獨立審計監管機構國際論壇」
KPMG	畢馬威
Public Company Accounting Oversight Board（PCAOB）	美國公眾公司會計監督委員會
Qualification Programme（QP）	香港會計師公會專業資格課程
Sarbanes–Oxley Act（SOX）	薩班斯—奧克斯利法案
Small and Medium-sized Entity Financial Reporting Standard（SME-FRS）	中小型企業財務報告準則